国家级一流本科专业建设点配套教材·环境设计专业系列
高等院校艺术与设计类专业“互联网+”创新规划教材

餐厅设计

郭旭阳　编著

北京大学出版社
PEKING UNIVERSITY PRESS

内 容 简 介

本书是一本基于室内设计基本原理与方法，运用建筑学原理、人体工程学、建筑技术和建筑室内照明等知识，重点研究餐饮类室内空间设计的教材。本书共6章，前5章涉及基础理论，包括餐厅设计概述、餐厅设计原理、餐厅设计要素、餐厅空间设计节点、餐厅设计风格；最后一章涉及应用实践，即餐厅设计的步骤与方法。本书旨在培养学生从多种角度深入学习和理解相关知识，提高学生设计素养和创作能力，引导学生探索当代餐厅设计的新方向。

本书既可以作为高等院校环境设计、室内设计等专业的教材，也可以作为行业爱好者的自学参考用书。

图书在版编目 (CIP) 数据

餐厅设计 / 郭旭阳编著．—北京：北京大学出版社，2024．5

高等院校艺术与设计类专业“互联网＋”创新规划教材

ISBN 978-7-301-35103-1

Ⅰ．①餐…　Ⅱ．①郭…　Ⅲ．①餐馆—室内装饰设计—高等学校—教材　Ⅳ．①TU247.3

中国国家版本馆 CIP 数据核字（2024）第 108154 号

书　　名　餐厅设计
　　　　　CANTING SHEJI
著作责任者　郭旭阳　编著
策划编辑　孙　明
责任编辑　史美琪
数字编辑　金常伟
标准书号　ISBN 978-7-301-35103-1
出版发行　北京大学出版社
地　　址　北京市海淀区成府路 205 号　100871
网　　址　http://www.pup.cn　新浪微博：@ 北京大学出版社
电子邮箱　编辑部 pup6@pup.cn　总编室 zpup@pup.cn
电　　话　邮购部 010-62752015　发行部 010-62750672　编辑部 010-62750667
印 刷 者　北京宏伟双华印刷有限公司
经 销 者　新华书店
　　　　　889 毫米 ×1194 毫米　16 开本　11.5 印张　265 千字
　　　　　2024 年 5 月第 1 版　2024 年 5 月第 1 次印刷
定　　价　69.00 元

前言

党的二十大报告提出，教育、科技、人才是全面建设社会主义现代化国家的基础性、战略性支撑。必须坚持科技是第一生产力、人才是第一资源、创新是第一动力，深入实施科教兴国战略、人才强国战略、创新驱动发展战略，开辟发展新领域新赛道，不断塑造发展新动能新优势。餐厅设计属于室内设计的范畴，是室内设计专业学习的一门重要课程，重点研究的是建筑中餐饮类室内空间的设计方法。目前，我国大多数的建筑与艺术设计院校都设置了这门课程，以加强对学生创新能力的培养和对人才的培养，充分反映了科教兴国、人才强国、创新驱动发展战略的实施。

对于室内设计专业学生来说，通过该课程的学习，一是能够直接作用于专业能力的培养，对提高整体专业水平很有裨益；二是能够从餐厅空间的组织与再创造和具体使用要求的角度出发，对建筑知识有较深入的理解和认识。在餐厅设计课程的学习过程中，学生要学习和综合运用建筑学、室内设计、人体工程学、建筑技术和建筑室内照明等相关专业基础课的内容，从而提升设计素养和创作能力。通过餐厅设计教学，学生可以全面掌握餐厅设计的功能和要素，正确理解餐厅设计的概念，掌握餐厅设计中各区域的功能和尺寸关系，运用室内设计的基本原理与方法对餐厅空间进行系统的构成和组织，探索当代设计的新视野，开拓设计思维和表达方式。本书紧随党的二十大精神的步伐，希望对室内设计的初学者有所帮助。

一、教学目的

本课程以培养学生的基本素质为出发点，使学生掌握多样化的研究手段，提高学生综合应用能力。课程将一些对文化的诠释注入设计之中，注重设计思维与表达方式的拓展，使学生能够独立完成对餐饮空间的创意设计，初步掌握施工中的材料和技术应用，做到理论与实践相结合。

在教学环节中，中式餐厅设计这一实践环节可以使学生对餐饮文化空间的创造和表现能力、对室内环境条件方面的理解能力、将实用功能和美化功能结合的综合能力得到专业性的设计训练。在教学过程中，教师讲解空间设计、功能设计、设备设计等相关知识，对学生进行设计实践的专业训练，为学生进一步学习有关专业课程和日后从事设计工作打下坚实的基础。

二、教学重点

1. 对餐饮空间的认知

在学习室内设计基本原理与方法的过程中，从建筑学原理、人体工程学、建筑技术等视角切入，将调研与实践相结合，帮助学生熟练掌握餐饮空间的相关知识；培养学生的创造能力、表现能力、将实用功能和美化功能结合的综合能力。

2. 基础理论与应用实践

将理论讲授、信息收集、专业调研、草图构思、讨论讲评、材料选择、作业创作等教学环节有机结合，使学生掌握设计原理与设计要素，灵活运用所学知识进行设计，使餐饮空间达到舒适和实用的目的。

3. 思维引导与创新启发

将理论应用于实践，着重培养学生创新思维的能力，引导学生追求个性与原创，并关注设计的可持续性，启发学生创新餐饮空间的设计理念。

三、课题训练

手绘能使学生在初始设计阶段手脑并进，不断涌现设计灵感，并使设计逐步走向成熟和深化阶段。手绘和计算机辅助设计绘图结合的教学模式，对培养和提高学生的空间思维能力行之有效，易激发其设计灵感。熟练掌握计算机辅助设计绘图软件，对丰富表现手段、提高设计精度和效率有极大帮助。课题训练主要包括手绘、计算机辅助设计绘图、设计调研及作业排版。

四、课时安排

本课程共 80 学时，学分为 4 学分。本书第 1 ～ 5 章为基础理论部分，可进行课程教学内容与课程训练安排；第 6 章为设计步骤与方法，可与该章的数字资源结合学习。

本课程分为 3 个阶段。第 1 阶段为第 1 ～ 2 周，学生需要了解现代餐厅设计的发展趋势和设计特点、餐厅设计原理和餐厅空间设计内容，并进行走访调研和讨论收集资料。第 2 阶段为第 3 ～ 4 周，学生需要在教师指导下学习设计步骤与方法，其中，第 3 周可结合第 6 章进行学习。第 3 阶段为第 5 ～ 6 周，学生需要对设计方案进行完善、总结与展示。

在本书的编写过程中，编著者的研究生李宥萱、王瞬、汪芊竹、张桐、董贤珠等为本书做了相关辅助工作，在此表示由衷感谢！特别感谢鲁迅美术学院建筑艺术设计学院曲辛教授的指导与帮助！本书涉及的案例图片仅作为教学范例使用，版权归原作者及著作权人所有，在此也对他们表示感谢！

由于作者水平有限，加之编写时间仓促，书中不足之处恳请广大读者批评指正。

郭旭阳
2024 年 1 月

目　录

【资源索引】

第 1 章
餐厅设计概述

本章教学要求与目标

教学要求：学生需要掌握现代餐饮空间设计发展的潮流趋势及其设计特点。

教学目标：使学生对餐厅设计的产生、沿革与发展趋势及现代餐厅设计的内涵特点有充分的认识与了解。

本章教学框架

餐厅设计概述
- 餐厅的产生与餐厅设计的发展概况
- 现代餐厅设计的内涵特点

1.1 餐厅的产生与餐厅设计的发展概况

党的二十大报告指出，治国有常，利民为本。为民造福是立党为公、执政为民的本质要求。必须坚持在发展中保障和改善民生，鼓励共同奋斗创造美好生活，不断实现人民对美好生活的向往。在现代社会生活中，餐厅是人们享受物质生活和精神生活的一种重要场所。随着社会的不断进步，餐饮行业正向着多层次、高水准的方向迅速发展，这就对餐厅设计及餐厅配套设施提出了更新、更高的要求。受我国经济发展速度快，但设计理念相对滞后这一客观因素的影响，餐厅设计常常缺少个性，已经不能满足人们日益增长的多层次的物质与精神需求，因此提供适应新时代的餐厅设计，为顾客创造优雅舒适且具有个性的餐厅环境显得十分迫切。

迪拜帆船酒店

汉代羊尊酒肆砖

《清明上河图》中的酒家

1.1.1　餐厅的产生

餐饮商业场所的发展历史几乎与人类的发展历史一样悠久。作为一种商业场所，餐厅在我国古代的称谓有很多种，文献中有考据的有“旗”“酒家”“酒肆”“客栈”等。早在商代，就已有为解决往来流动的人们提供饮食的场所——“市”“肆”。秦汉时期，交通发展相对迅速，各处通商大邑都设有“客舍”与“亭驿”，使来往的官宦与客商有个落脚解决食宿的地方。到了唐宋时期，利用临时房屋开设酒食店肆的现象已经非常普遍。

餐厅源于普通住宅，它们在本质上没有太大区别，仅仅是用膳、住宿这两个经营范畴和侧重点不同而已。但它们在店面及厅堂的内部布置上有着各自鲜明的特点。餐馆（餐厅）厅厢院落廊庑相接，分隔若干阁子（单间）、吊窗花竹、冬垂帘膜；门首挂有贴金红纱、灯、幌子、酒旗、匾额，引人注目；店内分隔相坐，有轻歌妙曲吹奏助兴，夏增降温冰盒，冬添取暖火箱，设施虽简单，但还是十分周全的。

餐厅在欧洲出现得也很早，起初是以一种小规模餐饮店铺形式出现的。无论旅馆、餐馆还是酒店，都是从民居衍生而来的，它们与民居外观相同，规模大一些的也是效仿贵族的住宅模式，但在外观上会以悬挂招牌的形式与民居区分开来。有一种餐馆旅店，其经营模式是白天提供餐饮，晚上提供住宿。旅店中的客房、餐饮设施就是用民居的卧室、餐厅和厨房改造的，氛围犹如家庭一般温馨。

在中世纪时期，经营者为了给顾客提供更好的方便顾客之间交流和交往的场所，以及为了方便举办在当地居民家庭中不便开展的社会性活动（如跳舞等），餐馆旅店就出现了由厨房和餐厅之间的柜台发展而成的酒吧形式。

到了 19 世纪初期，受英国工业革命及欧洲交通运输业快速发展的影响，旅游业开始兴起，旅馆餐饮业的服务对象也发生了变化。随着游客数量的增加，人们对用餐场所的需求同时增加，但此时，用餐场所的内部空间也只是在传统酒店客舍的基础上简单地放大，空间形式和服务内容并没有改变，在用餐的舒适度、私密性上都不够好。

第二次世界大战结束后，世界经济得以恢复，随着人们收入的增加，生活得到改善，自费旅行从少数富有人群向普通民众扩展，现代化餐馆如雨后春笋般发展起来。多功能、综合化是餐饮行业的突出表现，多种形式的餐馆在城市的社交、娱乐、商业等方面发挥着重要的作用。与早期餐馆相比，现代餐馆设施类型更多，设备更完善，空间布局更立体、层次更多，与整体环境结合得更好，并能充分利用当时的技术、材料创造出不同的风格，使餐饮方式更具多样性，如旋转餐厅、自助餐厅、快餐厅等。在餐厅室内环境设计中，最突出的特点是把满足人的需求放到了首位。

英国伦敦斯塔福餐厅

1.1.2　餐厅设计的发展概况

餐厅是人类社会交往的重要场所之一，社会需求的不断变化决定了餐厅的发展。西方建筑师把餐厅当作新建筑理论的理想研究室，他们认为餐厅设计是建筑设计中比较重要的一项。20 世纪中叶的餐厅室内环境多为简洁的布局，营造的氛围比较平淡，但实用性强。而随着世界交往的加深和国际合作的加强，新形势下的餐厅设计更加强调对人本身的重视和关心、对文脉的关注，以及不同因素的共存，西方建筑理论和设计思潮也反映到餐厅设计中。

圣彼得餐厅

1. 社会因素

现代社会是工业化、集成化的高效率社会。人们工作节奏变快、生活水平也相应提高，更多的人不愿把宝贵的时间花费在炉灶旁，越来越多的人选择外出就餐。人们外出就餐的次数越来越多。这种情况推动了社会餐馆的迅速发展。互联网时代应运而生的电脑采购使家庭餐饮制作越来越方便，一些人曾预料餐饮业会就此衰落，但是事实恰恰相反，人们去餐厅往往是为了社交、赶时髦、享受休闲等综合多样的社会活动。外出就餐不再是单纯地为了填饱肚子，餐厅已经成为人们的新型“剧场”。随着社会工业技术的不断进步完善、现代化厨房设备不断更新，现代餐厅因设施类型多、服务时间长成为满足人们社交、娱乐需求的最佳场所。

2. 餐厅设施

餐厅属于商业经营范畴的场所，餐厅设施是餐饮行业得以发展的重要因素。

(1) 餐厅效益的好坏受餐厅设施档次高低的影响。适当增加和完善设施，一方面可以给顾客就餐提供优良的环境，另一方面也为顾客提供了娱乐、社会活动的场所。

(2) 随着社会城市化进程的不断加快，人们对餐厅种类的需求也在扩大。餐厅设施品质的提升是其提高等级、扩大规模和综合化发展的保证。餐厅种类越丰富，所需的餐饮服务项目就越多。

(3) 国内餐厅设施发展潜力巨大。随着国内旅游业的不断发展，人们对餐饮业的要求也越来越多样化。目前国内餐饮设施还需进一步完善。

1.2 现代餐厅设计的内涵特点

1.2.1 重视环境与氛围

随着我国人民生活水平不断提高，人们的餐饮消费观念已从满足口腹之欲逐步向享受、体验、休闲方面转变。越来越多的消费者不单单满足于身体的饱胀感，而是更多地追求从餐饮中获得的精神体验。从就餐心理的层面来讲，餐饮空间的环境与氛围往往能决定和影响顾客的感官情绪，尤其是室内的环境与氛围，应该具备舒适、温馨、优雅等特点，要有文化内涵、文化品位。顾客在就餐过程中受到某种情绪的感染，就会心情放松，在享受美食的同时感受生活的美好和快乐。

好的就餐环境与氛围是多种因素密切配合、共同烘托出来的综合效果。首先，一个优秀的餐厅室内设计，在做好设计规划的同时还要有相关配套设施的精心配合，如音响、灯光、空调、绿化等；其次，服务员的职业仪表、周到服务、匠心美食、美观器具等，这

谧竹物语（轻井泽台南店）／周易设计工作室

Le Coq 酒吧餐厅 / RooMoo

些都会对整个餐厅氛围产生影响。如果再加上室外环境与氛围的烘托，就使餐厅显得更加清新雅致，人们在这种环境中就餐怎么能不流连忘返？

目前，很多餐厅在环境及氛围的个性特色方面做得还不够，有的餐厅是用装饰材料的堆砌和某些所谓艺术符号的拼贴来呈现的，缺乏个性和艺术感染力。中小型餐厅是城市餐饮重要的组成部分，代表着一座城市的餐饮面貌，但是它们目前的状况是经营者往往只追求效益，在内部装修和设备的选择上简陋粗糙，缺乏针对性的个性设计。这些已不能满足人们对餐饮环境的精神需求，也影响了城市餐饮行业整体水平的提高。这些问题的出现有经济发展水平的原因，也有设计师观念认识上的问题。

有的餐厅十分重视室内设计。对于餐厅来说，环境及氛围的设计十分重要，只有在环境及氛围上有了独特性，餐厅才会有生机。

20 世纪 90 年代，我国餐厅发展空前提速，此时走自己的路，做自己的设计是必然趋势。随着我国开放的脚步越迈越大，“走出去，请进来”和发展民生是今后我国餐饮业的长期发展策略。以良好的室内外环境设计、独具个性的餐厅氛围来招揽顾客，是我国餐厅设计新的要求。这些都是设计师需要思考的问题。

汽车营地 66 号公路餐厅室内与室外

1.2.2 设计个性化、类型多样化

一个长期保持竞争优势的专业餐厅，除了在菜品上要有独到的口味和特色，还要在空间设计个性化、多样化上多下功夫。如比较受北方人欢迎的巴蜀口味、成都特色的“马路边边”火锅店，从装修风格到服务员服饰都呈现了巴蜀文化特质和成都老市井文化特色，浓郁的地方风情多了些人文情趣。近年来兴起一种“体验式餐厅”，把时令生鲜、鱼肉禽蛋的半成品放置陈列台上，标注价格。顾客可以自由选择菜品，然后在服务员的介绍

得意 · 铁板烧料理餐厅 / 合作舍建筑事务所

PINK MAMA 餐厅 / Crosby Studios

中国台北远百信义 A13 百货公司餐饮空间 / Gensler

复古主题餐厅

簓箖·上野书屋阅读和餐饮空间 / BDSD 吾界空间设计

ideaPod 郎园联合办公室餐饮空间 / 刘冰清 + 大木建筑事务所

下选择一种喜欢的烹饪方法，厨师当即烹制。顾客可通过明档观看整个烹制过程，享受就餐以外的愉悦。这种经营方式比较独特，很受顾客欢迎。餐饮模式的创新变化必然导致室内设计创意构思方式的变化，两者相互呼应，强化了经营特色。

有的餐厅以特定消费人群为主要服务对象，如“某年某班”主题餐厅，以班级或小组为单位设置餐位，教室形式的就餐环境吸引三五成群的“老同学”在此聚首，这一创意为有怀旧情怀的顾客提供了适宜的场所。类似的还有“爱猫者餐厅”等，这类餐饮店以营造特殊的室内环境及氛围，来吸引某种特定的消费人群。

有的餐厅在已有服务内容的基础上，积极拓展新的方式，随着时代变化更换时下比较流行的设计形式，关注顾客新的兴奋点。如有的东北特色餐厅加入轿子抬菜、唢呐传菜、服务员吆喝等形式，顾客甚至可以参与表演，场面非常热闹，成为餐厅中的一道风景。

随着信息化的加快、网络文化的兴起，许多城市出现“网络茶吧”“咖啡电子书店”等新形式的餐饮空间，顾客边品茶、喝咖啡，边上网，在这种环境中能体验到在普通餐饮店里享受不到的氛围。这种新的形式很受网络爱好者的欢迎，他们在满足自己味觉体验的同时，在网络虚拟世界里与全世界产生连接。

以上这些案例的经营策略都是以特色来吸引顾客。如果一家餐厅经营理念超前、特色鲜明，就很难被超越，其经营寿命才会延长，且利润丰厚。经营的特色化，必然促使餐厅设计的特色化和个性化。

还需要说明的是，社会在不断进步，人们的消费理念也在不断变化，且消费品位也不断提升，人们已经不能满足单一的用餐模式。饮食兴趣的变化更能激发人们多元化的消费兴趣，这就要求餐饮业的经营方式也要适应社会需求的变化，迎合不同消费群体的需求。当今社会除了原有意义上的餐厅酒楼，美食广场、特色美食街、户外大排档、音乐酒吧、咖啡店、啤酒屋、茶楼等多种经营类型的店都有各自的发展空间。随着人们思维模式不断改变，还会产生更多新的经营方式，只有不断探索新的特色，使经营更趋于多元化，餐厅设计的类型才能更加多样化。

喜鼎 · 饺子中式餐厅空间设计 / 睿集设计

1.2.3 餐饮店设计大众化

改革开放后，我国经济开始迅速发展，经济温度提升，餐饮业也出现了过热的现象，很多经营者开始一味追求餐厅的高档化，装修豪华、价位虚高的餐厅比比皆是。但是，随着消费者的理性回归，这些皇宫式餐厅慢慢失去了往日的客源，高档餐厅纷纷放下架子，走向价格亲民的路线。

那么，这类现象为什么会出现？首先是商家对餐饮行业的定位出现了偏差，他们没有从根本上意识到普通民众才是餐饮业的最大消费群体。改革开放后，人们收入得到提高，迫切提升生活质量的意愿也是非常强烈的。那些所谓高档的、不切实际的、离自己生活很远的高档餐厅，人们并不接受。所以，餐厅从高档化转向大众化、亲民化是大势所趋。而中低档餐厅环境脏乱、管理差、服务不到位，是远远达不到消费者的心理预期的。解决该问题的根本方法是改善环境、加强管理、提升服务水平。

驰记面家

喜茶 dp2 店（深圳深业上城店） / A.A.N. 建筑设计事务所

最近几年，我国餐饮发展一直保持着较高的增长速度，其主要原因是人们消费意识的提升。经济条件的改善使人们外出就餐的消费理念明显增强。以工薪阶层为主体的消费者趋向中低档餐厅。随着大众化餐饮市场规范的升级，中低档餐厅有了日新月异的发展势头和前景，作为市场不可缺少的高档餐厅也应顺势而为、调整策略、面向大众市场、改善经营管理。

还需要说明的是，大众化不等于低档化、简陋化，大众化也不与脏、乱、差划等号。大众化餐饮方向已从温饱型向小康型转变，现代受众群体需要的是特色的美食、舒适的环境、优质的服务、合理的价位，从而得到更好的饮食享受，这是一种“实惠型 + 享受型”的消费理念。可以预测，在今后很长的一段时间里，一些有文化品位的、健康的、价格合理的中低档餐饮店模式，将成为餐厅的主流模式。构思新颖、创意独特、材料经济也会成为餐厅设计的主要发展方向。

1.2.4 “国产品牌店”迎头赶上

互联网时代的到来，使世界各国沟通更为密切，国人对“洋餐”不再陌生和好奇。20 世纪 90 年代初，麦当劳、肯德基、必胜客等“洋快餐”以敏锐的视角打入中国市场，因其便捷、口味独特等特点掀起一股快餐化的“洋餐热”。当时，“洋快餐”因其卫生、舒适的就餐环境，以及优质的服务和现代化的企业管理，在中国快餐行业占据很大市场，而国产品牌快餐起步较晚，在竞争中应逐渐赶上。人们对餐饮的需求是多种多样的。“洋快餐”的生产标准化、规模化，质量标准统一，卫生把关严格，尤其是就餐环境温馨舒适、设计风格鲜明、服务热情周到，这种餐厅十分注重环境、卫生和服务。由于我国餐饮市场规模的不断扩大，越来越多的经营者参与到餐饮市场中来，竞争也因此越来越激烈。每家餐馆都在追求特色口味，尤其是在同一品类竞争激烈的环境下，品牌就是质量的保证。而随着竞争的进一步加剧，品牌的价值进一步凸显，在消费者的心中起着关键作用。可以预计，“国产品牌店”这种新的餐厅类型将会大量出现，并获得发展。特色鲜明且有品牌特色，是越来越多经营者努力的目标。

传统餐饮店的经营模式以线下单一场景为主。随着互联网时代的到来，餐饮店的经营模式则以“线下堂食 + 线上外卖”两种场景的结合为主。未来，“线下 + 线上 + 新零售”三大场景的组合模式将成为餐饮发展的新标配。在信息时代，人们获取信息的速度是惊人的，餐饮业的发展也是如此。时下网红餐饮店深受年轻人的追捧和青睐，但是这些餐厅的寿命往往是短暂的，要想长期立足于市场，就要从自身找原因。

餐饮的口味特色及品质服务是衡量一家餐馆好坏的重要标准。以北京烤鸭为例，全聚德与便宜坊是消费者公认的老品牌。一个经得起推敲的品牌，其在行业内的知名度、美誉度及消费者满意度往往很高，因为品牌势能的高低决定着品牌的发展未来。基于品质和标准化所打造的餐饮品牌与那些风靡一时的网红餐饮店最大的区别，就是有自己的发展定位和价值观，有了这些支撑，自主的餐饮品牌才能持续发展，走得更远。

KFC 西安大雁塔店 / 三也设计

全聚德

便宜坊

单元训练和作业

1. 课题内容：学生通过教师的课堂讲授，了解餐厅的产生与餐厅设计的发展概况，以及现代餐厅设计的内涵特点。

2. 课题时间：10 学时。

3. 教学方式：教师通过讲授餐厅设计的发展与现状，启发学生思考现代餐厅设计发展的潮流趋势，并鼓励学生讨论其设计特点。

4. 要点提示：教师通过分析目前具有特点的餐厅案例，引导学生从几大因素进行思考学习。

5. 课题作业：

（1）餐厅设计的发展趋势有哪几种？

（2）现代餐厅设计的特点是什么？

Bar Kar 餐厅 / Spacemen Studio

第 2 章
餐厅设计原理

本章教学要求与目标

教学要求：学生需要掌握餐厅设计原理。

教学目标：教师通过课堂讲授，使学生掌握餐厅设计的基本原则，包括餐厅设计中的行为心理、主题性营造、环境氛围创造等。

本章教学框架

餐厅设计原理
- 餐厅设计与行为心理
- 餐厅空间的主题性营造
- 餐厅环境氛围的创造
- 餐厅设计倾向

2.1 餐厅设计与行为心理

一切设计都应该是为人服务的。人生活在空间中，空间设计说到底就是为人设计的，空间设计是在分析人的行为心理需求基础上进行的。那么，人在使用空间时究竟有哪些行为心理需求？

在我们的日常生活中，细心的人会发现一些非常有趣的现象。处在自然环境中的人想休息时，会有意无意地选择周围建筑物的墙体边界停留，或是背对墙体、倚靠柱子，或是选择绿地背风处、树木旁驻足，只有当这些边界区域没有过多的停留空间时，才会选择中间区域停留，这就是人在活动时的一种选择空间心理。人们在乘坐电梯时，首先进来的人会挑选电梯靠角或者贴边的位置站立。在室内空间，尤其是餐厅空间中，当人进入餐厅选择座位时，第一反应就是选择靠窗的座位，然后依次选择靠墙的座位、靠柱子的座位，如果这些座位都满了，就只好选择中间区域且四边空旷的座位。那么，这些现象说明了什么？

2.1.1 边界效应和个人空间

德国心理学家德克·德·琼治（Derk de Jonge）提出了颇有特色的“边界效应”理论，即自然界中的森林、海滩、林中空地、建筑广场等地的边缘都是人们喜欢逗留的区域。对于一块场地来说，人们往往更关注场地的边缘，而不是场地的中央，而人的活动范围也多集中于场地的边缘。在一些旅游业比较发达的城市，你会发现这样的现象：在路边餐厅中，临街或是靠窗的餐桌上座率是非常高的，休闲驻足的游客会边进餐边欣赏外面的景色和过往的路人。这说明观察外界是人的天性，人们更喜欢在建筑物边缘、临街的餐桌等地停留驻足。

丹麦建筑师扬·盖尔（Jan Gehl）对边界效应做了深入分析：“边界区域之所以受到青睐，显然是因为处于空间的边缘为人们观察空间提供了最佳条件。人选择边界停留比站在外面的空间中暴露得少一些。这样既可以看清一切，自己又暴露得不多，个人领域减少至面前一个半圆。当人的后背受到保护时，他人只能从面前走过，观察和做出反应就容易多了。”

美国人类学家爱德华·T.霍尔（Edward T.Hall）进一步阐明了边界效应的产生。霍尔将人在交往中的距离划分为4种类型：亲密距离、个人距离、社交距离和公共距离。

亲密距离（0～45cm）是表达爱抚、亲昵等细腻感情的距离，一般不用在公共场合，如果在餐厅让陌生人之间处于这种距离会使其局促不安。

个人距离（45～130cm）是亲近朋友、家人间谈话的距离。同一餐桌，就餐者之间的距离就属于个人距离，在此距离内谈话音量适中，眼睛能观察到对方的细部，是一种有语言和动作交往的距离。

社交距离（130～375cm）会影响餐桌布置的距离。社交距离的下限适于关系密切的人交往，如果陌生人处于该距离的下限，则会受干扰和感到不安。在这种情况下，可以设计一道栏杆、一片隔断、一条绿化带，或是几步台阶来分隔餐桌，从而减弱人们心理上的接近。由于处于社交距离上限的餐桌已相隔一段距离，因此会让人感到有所分隔。在互不干扰的情况下，人们可以看到对方全身及其周围环境，而这种情况下的人去看周围的人，是没有语言和动作的交流的。

公共距离（大于 375cm）是用于演讲、演出等的距离。宴会厅的主席台、演讲厅的舞台与餐桌的距离就是这种距离。

霍尔的以上研究表明了人心理的三方面需求。

（1）人愿意观察环境和人群，向往交往，这是人的心理需求。在空间边界设置停留区域，为人观察环境和人群提供了非常好的视觉角度。

（2）人有交往的天性，在选择交往空间时，人往往在意识领域建立自己的个人空间且不希望被侵犯，而边界空间则为个人空间起到了庇护作用。

（3）人需要交往，但在交往时，心理上需要与他人保持一定距离，即人际距离。

心理学家 R. 萨姆（R.Sommer）通过研究，首先提出了“个人空间”的概念。萨姆指出：每个人的周围都存在一个既不可见又不可分的空间范围，对这一范围的侵犯与干扰将会引起人们的焦虑和不安。它随人身体的移动而移动，它不是人们的共享空间，是个人在心理上所需要的最小空间，也可称为“身体缓冲区”。个人空间是围绕个人活动所产生的空间，并随年龄、性别、人种、文化习俗而变化。

在人的意识里，前、后、左、右四面的身体部位中，相对来说后面的背部是身体防卫中最薄弱的部位，也是最需要庇护的部位。而边界空间之所以重要，就是因其从人的背部明确围合出属于个人的空间区域，能够有效避免人受到外界的干扰与侵犯，使人有稳定感和安全感。这样，人在交往的同时又能纵观全局，便于观察，满足人对交往的心理需求。

克里斯托弗 · 亚历山大（Christopher Alexander）在《建筑模式语言》一书中，总结了有关公共空间中边界效应和边界区域的经验：“如果边界不复存在，那么空间就决不会富有生气。”好的边界设计能成为人行为活动的物质向导，人的行为活动也会丰富边界的内涵，所以边界设计对空间设计而言是相当重要的。

以上研究论断都说明，边界效应和个人空间有着密不可分的关系。人喜欢选择有边界的区域停留，这些区域给个人空间划定出专有区域，使个人空间受到庇护。人有交往需求，边界空间应既利于人的交往，又利于与他人保持一定的人际距离，它不是封闭的空间。在餐厅设计中，餐饮空间的划分和餐位的布置都应考虑边界效应和个人空间。

2.1.2　餐座布置和行为心理

心理学家琼治在研究“餐厅和咖啡馆中的座位选择”专题后发现，有靠背或靠墙的座位和能纵观全局的座位比没有这些功能的座位更受欢迎。其中，靠窗的座位尤其受欢迎，因为在那里室内、室外空间可“尽收眼底”。用餐的私密性与公共人流活动是限定餐厅内部功能区域的基本依据。如果要使顾客获得安静休闲的进餐环境，那就要对个人就餐空间予以足够重视，在大的餐饮空间中创造各种小的餐饮空间。设计餐厅时一定要考虑顾客的用餐私密性，避免顾客在用餐时受到干扰。

座位的布置需要精心规划。如果机械地布置座椅，不从顾客心理角度推敲，就会因为过于关注设计理论而忽略基本的心理学层面。在开始用餐阶段，顾客无论是个人还是团体，往往不会去选择餐厅中间的座位，都希望尽可能选择靠墙、靠窗的座位。这是因为墙边、窗边有靠背的座位（卡座）位于餐厅的边界区域。这些就餐区域是边界实体明确围合出的、属于该区域客人的进餐空间，不会被他人穿越干扰，个人空间受到庇护，让顾客有安定感，并且避免了顾客因坐在四面空旷的座位而受关注和背侧有人频繁经过的不适感。这些餐桌位置既有观看室内场景的良好视野，又能让顾客与他人保持适当的距离，因此这些座位更受欢迎。

【IYO Aalto 日式餐厅座椅分布】

在餐厅设计中，个人空间的限定方法是对内部空间进行围合。分割空间时，应该最大限度地利用垂直实体围合出多种带有边界性质的就餐空间，使餐桌尽可能地贴近某个垂直实体。餐桌可以围绕一根柱子摆放，这样就使餐桌的空间范围有了围合和界定，从心理上给人以安定感。利用隔断、护栏、屏风、绿植、水体等进行实体围合，能形成独处一隅的小空间。

餐厅在满足顾客私密用餐的同时，还应保持整个空间在视觉上的连续性。人坐着时的视线高度是1～1.5m，实体围合的高度应尽量低于这个高度。用“虚”的围合实体来分割空间，既能使人的活动受到制约，又能在空间上让人保持视觉连通。为了保持视觉形象的完整性，更多种类的实体围合应重视客人的心理范畴。雅座就是利用适当高度的靠背来暗示个人就餐区域，形成人们相互交谈的小空间。好的座位设计既要使顾客有良好的

IYO Aalto 日式餐厅 / Maurizio Lai

庆记鲍鱼鸡餐厅 / 水木言设计机构

视线，又不会使顾客直接暴露在他人的视线中。还有的餐座是利用墙体的凹入或下沉来实现“隐蔽”功能的，可以给客人带来舒适安逸的亲切感。此外，伞盖、垂幔也是餐厅中限定个人空间的有效方式，特别是对共享空间中高举架厅堂的餐座来说，它们可以弱化大空间的尺度感，使人获得小空间的亲切感，也给室内环境增添了氛围感。然而，边界空间并不适用于所有餐桌的布置，也有比较特殊的情况，宴会厅就是其中一种。参宴者用餐的一个重要目的就是社交，餐桌布置要利于人的应酬和沟通，营造热烈的氛围。在此种情况下，私密性已经不是重点，不必以边界来明确个人空间，餐桌可均匀布置。

餐桌摆放要利于人的交往，又要和他人保持适当的人际距离。人最主要的精神需求之一就是交往，餐饮空间给人们提供了便于交流的公共空间，满足了人们交往的需求，给人们创造了彼此接触、沟通、欣赏的机会。如果把每组餐桌、餐椅都放在一个个封闭的空间里，这种就餐环境里的交往就会被制约，因为这只满足了人对个人空间的私密性的需求，忽略了人对交往的渴望。

【庆记鲍鱼鸡餐厅座椅分布】

餐厅空间中的交往需求主要体现在两类，一类是同桌就餐者之间的交流，人们彼此相互认识，是语言及动作行为的交往；另一类则是不同桌就餐者之间的交流，人们彼此并不认识，没有语言及动作的交流，通过观察彼此的情态，感受场景和氛围，这是人不可或缺的心理需求。这两类交往

MAYS 西式餐厅——植韵悦食 / 广州道胜设计

Leña 餐厅 / Astet Studio

简阳马厚德羊肉汤餐厅 / 古兰装饰

对不同人群有不同的侧重点，对餐桌的布置也有相应的要求。如果是多人聚会，如家庭聚会、商务宴请、同学聚餐等，人的交往需求主要集中在这一人群，要想建立较多私密性空间，应在包房中布置餐桌。这类包房按照封闭程度分为两种，一种是六面封闭，只留门与外界相通；另一种是以隔断形式围合，入口处只作象征性的开敞，这种处理方式就与其他就餐空间有了更多的交往机会。

包房以外的散台，应满足以上两类交往需求，既要便于人们与本桌客人的交流，又要便于观察四周环境，看到其他人的活动和空间场景，感受餐厅整体氛围。在不同类型的餐厅中，有不同的人际距离交往需求，例如在酒吧，吧座间距小、密度大，利于人的交往；而在大排档，空间开敞，人与人间隔大，互不干扰，如果间隔过密，个人空间受到侵犯，会让人不自在，可能会引发冲突。因此餐桌的布置需要考虑人际距离。

餐桌位置要根据不同的人际距离安排，不同的餐桌布置可以营造不同的交往氛围。有的餐桌布置宽敞舒适，让顾客感受整体场景的氛围；有的餐桌布置是在大空间中划分出小空间，让顾客既能感受大空间的气氛，又能感受小空间的亲切与温馨；有的餐桌布置用矮隔断或卡座靠背分隔出一个个明确的用餐区域。餐厅布置中的私密性，既能适于小范围会务、洽谈，又能让人感受大空间的环境氛围。有的餐厅做成雅间或包房，与主要就餐空间基本没有连通，有明确的私密性，使人产生领域感，适于私人就餐、商务宴请、小型聚会，这种封闭式的就餐环境温馨雅致。餐桌布置应从空间设计入手，满足不同顾客的不同就餐需求和心理需求。

案例分析 >>>

滨海湾金沙酒店 RISE 餐厅的设计沿用了原有的落地空调通风设备，融入柳编风格的个性化座椅隔间以分割宽阔的就餐区，并利用仿佛置身公园氛围的照明，为就餐者带来私密感，打造私人空间。饰面及材料的选择为场地营造清新自然、花团锦簇的外观，不同风格的座椅以有序却不拘一格的方式融入其中，使这一巨大用餐空间能够为各种私人活动提供独立区域。该餐厅最终呈现为一个拥有私密就餐空间、清新怡人的目的地餐厅。

（资料来源：新加坡滨海湾金沙酒店 RISE 餐厅 [EB/OL].（2018-05-24）[2024-02-20]. https://home.163.com/18/0524/15/DIJ4MNO4001086NG.html，有改动）

滨海湾金沙酒店 RISE 餐厅 / Aedas Interiors

【Leña 餐厅座椅分布】

【滨海湾金沙酒店 RISE 餐厅座椅布局】

2.2 餐厅空间的主题性营造

餐厅空间作为一种与人们生活息息相关的特定的环境空间，除了要满足人们餐饮的功能性物质需求，更要传达某种主题信息来满足人们的精神需求。通过主题信息表达的生活方式反映深层次的文化理念，创造出优美的餐饮空间环境形象。从环境对人心理影响的研究理论中可以发现，人们注意力的转变会根据周围环境的变化而变化。人们会把注意力集中在刺激人感官的物体上，并力图去认识理解它。要想让餐厅引起人们的注意，应该通过餐厅主题形态的表现来设置引人注目的视觉焦点，在空间、形态、大小、质地、色彩、明暗等方面强化视觉中心，营造特色鲜明的主题氛围。餐厅空间的主题性营造就是在室内餐厅环境中，为表达某种主题含义或突出某种要素主动进行的介入性设计。带有主题思想的设计有助于把感官层面上升到精神层面，其表达的设计理念在人的心智系统中占据着核心地位，它能够主控和指导设计风格的形成。

2.2.1 表达意念

在进行餐厅空间的主题性营造时，表达意念的方式是多种多样的，可以从社会文化、自然历史、文化传统、风土人情、民俗民风等方面来进行设计创作，这些都是非常重要的构思源泉。从人的社会和文化属性来看，餐食的进化过程总是与人们的文化进步相关联的，人们都希望在一个与自己心理和情感相吻合的环境中用餐。通过设计表达某种意念，是餐厅空间主题体现的重要特征之一。设计意念的表达在设计的过程中融入人们的文化观念，与社会文化、地域文化、环境心理，以及人的内在情感紧密相连。随着餐厅空间的性质、类型、个性要求的改变，餐厅主题的要求也会随之而变。如庄重明亮的中餐厅、优雅浪漫的西餐厅、富有情调的酒吧等，这些餐厅空间的主题性营造要考虑就餐场所的性质、类型、个性要求。人们通过长期的生活经验的积累，对事物的感知具有一定的恒定性，人们愿意用生活经验来对照相应的氛围，这为餐厅主题氛围的设定提供了心理依据。餐厅主题的象征性把不可知的变为可知的、把心理层面的变为视觉层面的、把无形的变为有形的，并把模糊的概念、含义、感情具象化。运用“移情”的手法进行主题性营造，让形象与感情产生关联。

【Grotta Palazzese 意大利岩洞主题餐厅】

2.2.2 表现手法

餐厅空间的主题性营造的表现手法就是利用物质要素形成一种环境的氛围，从而引发人们对餐厅主题的联想。餐厅环境氛围是指环境整体给人带来的基本感受，这种环境氛围的营造主要通过空间物质形态的有机组合表现出来，表现方式有以下几种。

1. 利用空间的形态结构

空间的形态结构与主题创意相融合，是会给人们带来非常大的视觉冲击力的。优秀的设计师可以利用不同空间形态结构的比例变化、

M M餐厅 / SAWADEESIGN

上餐厅 / 无界设计

大小变化、主次变化、节奏变化等给人们带来不同的感官体验。例如，可以利用矩形空间的规整、充满理性的特点，给餐厅营造一种开敞、舒适、和谐的主题氛围；可以利用多边形、圆形空间的灵活、有韵律的特点，给餐厅营造一种动感、生动的主题氛围；也可以把建筑自身的结构形式与设计主题有机结合，如用横梁、立柱、墙体、外漏管道等结构形成一种空间的构造关系。通过形态结构的外在表达，营造出一种空间结构独有的主题氛围。利用空间结构重复、叠加、穿插、搭接等手法所带来的视觉冲击效果，会具有特别的感染力。

【“平民主义者”精酿啤酒厂的主题性设计】

2. 利用形态符号

在餐厅空间的主题性营造过程中，可以用某些形态符号作为设计主题。这些形态符号可以与社会文化、区域文化及企业文化相关，具有象征性、概括性和典型性的特点。形态符号的主题性营造对个人情感体验来说是很好的切入点。通过特定的形态符号所传递的信息，使人们对餐厅主题形成感知。用可认知或想象的形态符号来象征或暗示某种含义，在设计手法上选择能传达这种含义的形态符号对传统视觉形象进行重新演绎。还需要指出的是，这种手法上绝不是将传统形态符号进行照抄照搬或者机械拼接，而是有意识地选择典型的有意义的形态符号，用新的方法、技术、材料来营造具有强烈主题韵味的氛围。形态符号的几种表现要素如下。

“平民主义者”精酿啤酒厂 / LAGRANJA DESIGN FOR COMPANIES AND FRIENDS

MOU MOU CLUB

杭州唐宫海鲜舫／非常建筑

(1) 装饰形态符号。运用装饰形态符号是餐厅主题表现的关键环节，带有典型装饰形态符号特征的造型能反映出餐厅环境总体的风格特征。在相似的空间中，不同装饰形态符号能营造出截然不同的环境氛围。

(2) 情景形态符号。餐厅室内情景的创设在一定条件下能使人产生联想，所以，在餐厅内部环境中应当有意识、有目的地使用情景形态符号，加强场景的设计。用现代技术手段和材料创造出自然的有情趣有内涵的场景氛围，让就餐者感受到餐厅主题的含义。

【Tunateca Balfegó 金枪鱼精品餐厅的形态符号】

【“星际穿越”餐厅装置的形式】

【宋 · 川菜餐厅的色彩设计】

Tunateca Balfegó金枪鱼精品餐厅 / El Equipo Creativo

“星际穿越”餐厅装置 / Almazán y Arquitectos Asociados+Concepto Taller de Arquitectura+PinStudio

宋 · 川菜 / 黄永才 + RMA 共和都市

(3) 材料与肌理。肌理可以通过材料表面的组织构成给人带来特殊的视觉感受。餐厅环境中每种材料都有与其固有的视觉感觉特征相吻合的特点。不同的肌理能呈现不同的质感，如粗糙、细腻、光滑等。餐厅主题的创意可以通过不同材料与肌理的表现与运用，创造出不同的主题环境氛围。

(4) 灯光照明。灯光照明是烘托餐厅环境氛围的重要手段，应合理地运用灯光的变化，可以利用光的色彩、冷暖、明暗、层次、光影图案等营造出餐厅环境氛围。

(5) 色彩设计。色彩会传达给人直观的视觉印象，色彩心理学所提出的色彩心理效果规律，为我们分析人对餐厅环境色彩的感受提供了依据。色彩的主题性营造的关键在于以色彩来营造主题氛围，空间中的色彩运用能够有效地激发人们的情感，使人们产生联想，从而达到建立情感空间的目的。

RUN RUN RUN 社区食堂 / Andrés Jaque

【RUN RUN RUN 社区食堂的色彩设计】

通过上述内容，我们可以认识到餐厅空间的主题性营造是由多种要素决定的，可以通过装饰形态符号、情景形态符号、材质与肌理、灯光照明、色彩设计等要素来营造整体环境氛围。运用主导视觉中心的形态来统一格调，可以形成整体氛围。环境视觉中心可以是一种形态符号，也可以是多种形态符号的组合，所有形态符号的表达形式都会对餐厅环境主题氛围起到烘托的作用。

LOFT 风格餐厅设计

2.3　餐厅环境氛围的创造

人与环境是相互作用的，环境的改变也会导致人的行为的改变，也就是说，环境在一定程度上会引导或者限制人的行为。当人处在高雅优美的餐厅环境中，往往会表现得彬彬有礼；处在一个开放式大排档的环境中，往往会大声喧哗；处在音乐震撼的音乐餐厅中，往往会尽情起舞；处在光线幽暗的酒吧环境中，往往会窃窃私语。以上这些都表明，人的行为受不同空间环境氛围的影响。与创造餐厅环境氛围有关的要素如下。

2.3.1　空间形态

餐厅的空间形态对环境氛围的创造有很大影响。不同餐厅的空间形态会给餐厅带来不同的环境氛围，也给人不同的感受。正方形、长方形、圆形等严谨规整的几何形空间，给人庄重、平稳、肃穆的感受，而不规则的空间形式（如椭圆形、流线形）会给人自然、流畅、无拘束的感受；封闭式空间给人安静、稳定、隐秘、宁静的感受，而开放式空间给人自由、流畅、轻松的感受；大空间使人感到开朗、明快，小空间则使人感到包容、亲切。

装修和装饰应该是为空间形态服务的，都应当从空间形态的角度出发，墙体的凹凸、隔断的高矮、棚面的起伏、地面的高差及它们的材料和色彩都可以作为构成空间形态的要素。有了这些要素作为设计的依据，就应该整体考虑，避免孤立地进行局部装修和装饰。在空间形态中还有一些要素需要重视，如采光、照明、绿化等，它们是分隔、组织、引导和形成空间环境氛围的要素，也是设计的依据。

胡大总店 IN.X 屋里门外

【胡大饭店的空间结构形式】

2.3.2　色彩

色彩感受在人的各种感受中是非常重要的一个部分。设计师都非常重视色彩对人的生理及心理的作用。在餐厅设计中，好的色彩设计会给餐厅带来富有层次、美感、个性的环境氛围。餐厅环境采用暖色调，会呈现出富贵华丽、热烈庄重的效果；采用冷色调则会带来高雅肃穆、清爽宁静的氛围。比如传统中餐厅惯以大红色、酒红色为主色调；西餐厅常用金色、红色、黑色等颜色来烘托气氛；一些日式餐厅则多以素雅的暗灰色调营造就餐氛围；有的餐厅使用原木色，体现出回归自然的氛围。

2.3.3 光环境

建筑空间是通过光来体现的。没有光，人就体会不到空间的形态。光能改变一个空间的个性。室内设计中光环境的设计也是很重要的，一般分为自然光照和人工照明两种形式。在餐饮环境氛围设计中，咖啡厅和酒吧的光线往往比较幽暗，金属装饰、镜面和玻璃器皿在暗环境中给人带来神秘且梦幻的意境。

【Ensue 餐厅的色彩与材质】

Ensue 餐厅 / 召禾室内设计

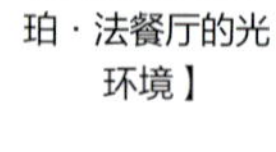

【Ambré Ciel 珀 · 法餐厅的光环境】

AmbréCiel 珀 · 法餐厅 / 杭州慢珊瑚设计

BanQ 餐厅 / Office dA

2.3.4　材料肌理

餐厅空间中不同的实体材料有不同的肌理，给人不同的视觉感受，比如粗糙的墙面有着原生态的力量感；原生的木质材料使人感到亲切温暖；平整的水泥面给人冰冷生硬的感觉；裸露的原石或突出的钢筋有粗犷的雕塑感；柔软的布艺纱幔给人温馨的感受。在餐厅设计的用材中，近处可以用一些肌理细腻精致的材料，远处可选用肌理比较粗糙的材料，两种材料在设计手法上相互呼应，在视觉上产生对比，能很好地烘托餐厅氛围，而且在视觉上更有层次感。

Vivarium 温室餐厅 / Hypothesis

2.3.5　自然景观

人在生理上和心理上都有向往自然、接近自然的本能。人的这种天性源于自然属性，所以在设计餐厅内部环境时应当有意识地多设置自然景观来创造环境的氛围。用现代材料同样可以创造出富有自然情趣的景观，如山石、叠水、溪流等。设计师应重视餐厅人工环境与自然环境的有机结合。

2.4 餐厅设计倾向

2.4.1 地方特色

人们有时想体会餐厅的异域情调，这就要求餐厅设计表现出特定的文化环境和背景，让顾客感受到地方特色、地域特征及风俗习惯等。设计师可以利用文化传统、自然历史、风土人情、饮食风俗等方面的题材作为创作构思的来源。

2.4.2 现代化设备与新技术风格

随着互联网时代的到来，现代科技发展速度不断加快，给餐厅经营理念和设备带来巨大影响，如出现了智能化点餐服务、自动化厨房设备等。一方面，现代化设备给顾客带来了更舒适的就餐体验；另一方面，这些现代化设备本身具有设计审美价值，有的设计师

点卯小院儿 / 无序建筑

就专注于用新技术、新材料来表现设计美感，丰富了餐厅设计风格。近年来，国内一些 LOFT 建筑改造成的餐厅，在建筑原有框架上点缀现代工业金属构件，造成对比反差，使餐厅在视觉上具有强烈的冲击感与现代感。

2.4.3　餐厅的剧场化倾向

目前，餐厅设计存在的一个现象就是把餐厅内部作为“表演舞台”，即“向顾客提供餐饮服务的同时要表现一种氛围，努力引导人参与到这个氛围中”。美国建筑师约翰·波特曼（John Portman）认为：“空间中结构、材料、光线和色彩这些因素应当像戏剧舞台上的幕布、灯光服从于演出的内容和气氛似的。”创造虚幻的心理空间，调动顾客的想象，把就餐体验带入餐厅活动，使顾客经历事件、产生情感。这种“戏剧空间”适用于就餐活动过程的展示，因此整个空间结构是动态的。餐厅在心理空间的开拓中发挥着巨大作用，从而能创造出戏剧性效果，同时也能使人获得审美趣味。这种创造现实与虚幻之间的超现实心理交叉，使人们在就餐体验的同时不由自主地变成了演员，去参与、去体验、去表演，沉浸其中。

【鸭蜜餐厅的老旧建筑风格改造】

鸭蜜餐厅 / HAO Design

案例分析 >>>

鸭蜜餐厅的建筑物正面使用大量锈化后而形成斑驳感的原铁材质与复古精雕玻璃，两者在比例均衡的配置下使视觉上不至于太过沉重，同时又能保有特殊材料所带出的强烈的风格特色。穿透感材料的运用能使自然光洒进餐厅深处，大幅提升采光效果。

餐厅做了挑高处理，并设计了环绕挑空区的大型金属楼梯，人们沿着楼梯行走，向外望去可欣赏到旧建筑物内分明的错层关系；转角镜面设计将视觉无限延伸，模糊了虚实空间的界线。站在台阶上感受建筑整体，不论是垂直空间还是水平空间，错层交织给人带来很大的惊喜。

（资料来源：鸭蜜餐厅，高雄 /HAO Design：错层空间带来的惊喜与趣味 [EB/OL].（2020-05-29）[2024-02-20].https：//www.gooood.cn/bee-duck-restaurant-by-hao-design.htm，有改动）

单元训练和作业

1. 课题内容：学习餐厅设计与行为心理、餐厅的主题性营造、餐厅环境氛围的创造等基本原理。

2. 课题时间：6 学时。

3. 教学方式：教师通过讲授餐厅设计基本原理，带领学生学习餐厅设计的平面布局、功能划分、流线规划、家具设计及设施陈设。

4. 要点提示：教师通过 PPT 文件演示、视频资料播放，向学生展示餐厅设计基本原理，并引导学生对餐厅环境氛围进行构想。

5. 课题作业：

思考如何在餐厅设计中体现风格的个性化、类型的多样化。

【Under 水下餐厅的情景结合】

Under 水下餐厅 / Snøhetta

第 3 章
餐厅设计要素

本章教学要求与目标

教学要求：学生需要掌握餐厅设计要素。

教学目标：教师通过课堂讲授，使学生在空间设计、布局设计、界面设计、光环境设计等具体设计环节中得到实践。

本章教学框架

餐厅设计要素
- 空间设计
- 布局设计
- 界面设计
- 光环境设计

3.1 空间设计

3.1.1 空间的设计要求

1. 餐厅是多种空间形态的组合

人们比较厌倦空间形态的单一表现，喜欢多种空间形态的组合。我们如果在一个只布满餐桌的单一空间里就餐，是何等单调乏味；若将空间里的餐桌重新组织起来，运用围合、分隔、分组、分类的形式，将餐厅划分为多个形态各异、相互贯通、互为借用的空间，会有趣得多。要想获得多样的就餐空间和餐桌组合形式，就应该在餐厅设计初期划分出多种空间形态，并加以巧妙组合，使其大中有小、小中见大、层次丰富、相互交融，让人置身空间中感到舒适和有趣。

2. 空间设计具有实用性

设计是为人服务的，应该具有实用性。在餐厅设计中，无论是规划空间形式、平面布局、通道大小，还是组合餐桌，都必须从实用的角度出发，也就是必须注重空间设计的合理性，以满足人们餐饮活动的需求。例如，科学规划人流通道的尺寸和餐桌、餐椅的布置方式，以满足餐饮流程的便捷、安全、舒适。

3. 空间设计的工程技术要求

空间设计应该结合结构设计，而材料是体现结构设计的基础。声、光、电等技术为空间营造环境氛围，提供了必要的物理手段。在空间设计中，各工种应相互配合，进行科学的分工协作，从而满足空间设计的工程技术要求。

【SPICE & BARLEY
餐厅的空间结构设计】

3.1.2 空间的限定

餐厅空间由实体（如墙体、地面、棚面、立柱、隔断等）围合而成，实体限定空间的形态与大小，只有实体的限定，空间才存在。在设计中研究如何运用实体限定空间以及遵循什么规律是非常必要的。用来围合空间的实体形态是多样的，总的来说可归纳为两种：水平实体和垂直实体。水平实体（如地面、棚面）和垂直实体（如墙体、立柱、隔断等）的作用不同，在设计的处理手法上也有所不同，不同的实体变化可以创造出形态各异、精彩纷呈的餐厅空间形式。下面具体阐述两种实体是怎样限定空间的。

1. 用水平实体限定空间

根据所处位置不同，水平实体可分为地面和棚面两类。

（1）地面对空间的限定。

要在地面限定出一个空间来区分周边的空间，就必须在形状上有所区分。例如，以一种特别的图案、色彩，或材质区别于周围地面，这样就会限定出一个特定的空间范围。这个地面的边界轮廓越清晰，与周围地面的对比就越明显，它所限定的空间范围也就表达得越明确。在餐厅设计中这种手法常用来划分就餐空间与通行空间。

用不同地面铺装和高差划分区域，可以强调餐厅空间的功能属性。例如，在一个具备舞台功能的餐厅中，将中间一部分地面（上升地面）抬高，以显示所限定空间的显要或瞩目。将在

慕尼黑 Roomers 酒店居酒屋

ZENSE 餐厅酒吧 / Department of Architecture

大空间内限定出的这一空间作为就餐时观演的舞台。这种设计手法也常用于在一个大空间里将局部地面抬高以划分不同的就餐区域，打破原有空间的单调，增强空间的层次感。

和上升地面一样，下沉所形成的地面也会限定出一个空间范围。地面下沉所形成的空间，相对于周围环境来说具有包裹性。由于空间下沉形成一定的遮蔽，让人在心理上会产生庇护感。

将地面抬高或下沉，是在餐饮空间设计中很常见的两种设计手法，是划分餐饮空间区域的重要手段。巧妙地运用地面高差可以把一个平淡的餐厅划分出大小不同、形态各异、高低错落的空间组合形式，这些空间既互相贯通又富有变化，增加了餐厅的趣味性。

（2）棚面对空间的限定。

棚面的构成包括屋顶、楼板、吊顶等，它们也是用来限定空间的重要部分。一个棚面所限定出的空间范围是由棚面的外边缘界定出来的，所以该空间的形式也是由棚面的形状、大小及高度决定的。

棚面可以是建筑结构本身，也可以根据餐厅空间设计的需要，在建筑结构下设置棚面，重新限定棚面空间。与地面功能一样，将棚面抬高或下降，可以形成不同的高差感受，或者崇高向上，或者亲切包容。设计师常用降低部分棚面的方法，在大空间里营造出小尺度的温馨的餐饮环境。在餐饮建筑中，对局部棚面的造型、图案、色彩及材质做特别的处理，也是强调重点空间区域的重要手段。

杭州唐宫海鲜舫 / 非常建筑

兰颂餐厅／高白空间设计事务所

2. 用垂直实体限定空间

用以限定空间的垂直实体形式多样，常见的有墙体、立柱、隔断、帷幕、垂幔、家具、绿植等。垂直实体所限定的空间比水平实体所限定的空间围合感更强，因为水平实体所限定的空间范围的边缘只是象征性的，而垂直实体明确了垂直的边界。

垂直实体的形式不同，所产生的围合感强度也不同。有的垂直实体在划分空间的同时能阻隔人的行为，但空间之间仍是流通的，视觉也是连续的，如装饰陈列架、低矮的隔断、室内绿植等；有的垂直实体不仅会限制人的行为，还会中断视觉及空间的连续性，如包房的实墙和雅座的隔断；有的垂直实体只是从人的心理感受上划分了空间，如一排装饰柱把餐厅分割成两个就餐区域，而柱与柱之间的空间还是相互连通的，人的行为不受阻隔。

在餐厅中，根据不同空间的需要设计出不同的垂直实体，会产生丰富而有层次的空间效果。根据不同垂直实体对餐饮空间围合的影响，可将垂直实体分为以下几类。

(1) 垂直线性实体。

一根独立的柱子就可以构成一个简单的垂直线性实体。当柱子位于餐厅中间时，柱子本身就成了空间中心的一部分，它与周围墙面之间会形成放射性的几个区域，区域里的餐桌环绕这根柱子，使其备受瞩目，所以应该对这根独立的柱子加以重点装饰。两根以上或一列柱子可以限定一个面，这种通透的面便成了划分空间的垂直面，它可以划分不同的餐饮空间，具有象征性分隔与空间流通两个特点。由垂直线性实体所限定的空间与周围空间的关系是流通的，视觉是连续的，人的行为也不受阻隔。

(2) 垂直面实体。

在餐厅中设置一些隔断作为垂直面实体是重要的餐厅设计表现形式。隔断的高度不同，对空间产生的围合感也不同。

① 当垂直面实体高度在60cm左右时，虽然

Oxalis 欧社（上海博华广场店）/ Sò Studio

【Oxalis 欧社餐厅的垂直面实体】

已经限定了一个空间区域的边缘，但是与周围空间仍保持视觉上的连续性，空间仍是流通的。在餐饮空间里常用较矮的栏杆、花池、绿植等垂直面实体，象征性地分隔出不同的餐饮空间，使空间层次更加丰富，顾客就有了领域感和围护感，觉得亲切舒适。

② 当垂直面实体高度达到 90cm 左右时，可以使顾客产生围护感，但空间在视觉上仍然是流通的。这种设置常用于餐桌之间的各种矮隔断，使餐桌形成较为独立的小空间，让顾客有一种围护感和安定感，顾客也能观察整个餐厅环境和感受整体氛围。

③ 当垂直面实体达到人的视线高度时，它会将一个空间同另一空间分隔，空间流通感减弱；通常用来划分通道空间与餐饮空间，使顾客不受来往人流干扰，获得某种安定感，如屏风等。

④ 当垂直面实体高度超过人的身高，会彻底中断两个空间的连续性，空间已无视觉上的流通感，让顾客产生强烈的围护感。用这种高度的垂直面实体分隔，各空间之间的关联性较小。

在餐饮建筑设计中，单个垂直面实体有一个需要特殊设计的部分，就是餐厅入口界面。入口界面作为展示餐厅第一形象的部分，应该在造型及色彩上加以重点处理，引导客人进入餐厅用餐。例如，入口界面用一个特别的垂直面实体造型矗立在空间中，可以在周围众多商业空间中脱颖而出，这种视觉强化的形式可以吸引客人，并具有观赏性。

（3）“L”形垂直面实体。

“L”形垂直面实体所限定的空间范围，其两个边缘是被明确界定的。在餐厅设计中，常用“L”形的矮隔断围合出小的餐饮空间。“L”形隔断有一定私密性，并让人产生强烈的围护感，围合出的空间是半开放的，如果在开放侧加上垂直实体，如绿植等，这两个边缘的限定则从模糊变得明确，围合感增强。

（4）平行垂直面实体。

将两个垂直面实体平行布置，能限定它们之间的空间范围，并且两端是开放的，空间具有一定的方向性。餐厅设计中运用平行面限定空间的形式有很多种，如隔断与内墙平行，就会在餐厅中划分出一个具有方向性的交通空间；一排柱子与隔断（或内墙）平行，可以限定出一个餐饮空间；一排绿化带与一行护栏平行，也可以围合成一个餐饮空间。

（5）“U”形垂直面实体。

在“U”形垂直面实体所限定的空间范围中，会有三个垂直面实体边缘被明确界定。三个立面是半封闭的，围合感强。若垂直面高矮不同，产生的围合感也不同。如果围合高度约为100cm，此空间就与周围空间保持视觉上的连续性，人在心理上有围护感。随着围合高度的增加，空间的分隔感逐渐加强，但是开放端与相邻空间还是连通的，视觉上是连续的。在餐厅设计中，如果用一根立柱或顶面将开放端限定，则会中断或减弱与相邻空间的联系，空间围合感也会随之增强；与立柱相对的那个垂直面，就会变成该空间的主立面，需要做重点设计。

“U”形垂直面实体多用在靠实体墙面一侧。例如卡座，周围有三个面是围合的，另一个面作为开放端与其他空间流通。这种围合方式有明确的围合感，在就餐者心理上会建立属于他们的小空间，会感到安定、从容，有私密感。如果重复布置矮隔断形式的“U”形垂直面实体，则会使每个餐桌都有各自的小空间，这不仅为每桌客人围合出专属就餐范围，还增加了就餐者的亲密感。由于这些矮隔断是比较通透的，因此视觉上是有连续性的，当这些以餐桌为单元的小空间融汇在整个餐厅大空间时，空间的层次就会增加。

（6）四面封闭的垂直面实体。

四面封闭的垂直面实体是空间围合形式中最典型的。由于空间被垂直实体四面围合，与相邻空间中断了视觉联系，因此它的限定度、私密感、封闭感也最强。如果垂直面上有开口，与相邻空间形成了视觉联系，就会削弱空间的围合感。在四个垂直面中，如果想强化一个面在视觉上的主导地位，就要在设计上使这个面的质感、形式、尺寸等方面区分于其他垂直面，成为主形象墙面。四面封闭的垂直面实体多用于包房、雅座等。

点卯小院儿 / 无序建筑

3.1.3 空间的围合与渗透

空间是由多种实体围合限定的。围合实体的形状、大小、有无洞口等，都会使人的视线产生遮挡或连续两种不同的围合感受。如果实体遮挡了人的视线，看不到相邻空间，这时的空间特征侧重于围合性，空间性格是内向的、私密的，给人的领域感强；如果人的视线能越过或透过实体看到相邻空间，空间既分隔又互通，这种空间特征则侧重于渗透性，空间性格是外向的、有层次感的，趣味性强、私密性弱。

【Gaga Chef 餐厅的空间渗透与流通】

空间是围合性还是渗透性，取决于垂直实体对人视线的连续或遮挡的影响程度。垂直实体影响空间的围合性或渗透性主要体现在两方面：一是大小（即实体的高矮、宽窄），二是通透性。当垂直实体高而宽时，遮挡了人的视线，空间侧重于围合性；反之，当垂直实体矮而窄时，人的视线不受遮挡，能看到相邻空间是延伸的，则空间侧重于渗透性。围合实体通透性的强弱主要取决于垂直实体上是否开洞，其洞口的大小、数量及位置也会影响通透的效果。具有通透性的垂直实体有博古架、通透的隔断、围栏、拱廊等。就

Gaga Chef / Coordination Asia

餐者透过洞口看到相邻空间，使封闭感减弱，产生空间渗透。不同部位的洞口有不同的视觉延伸体验，如洞口开在空间的角部，可以使侧墙向相邻空间延伸；洞口开在上部，则可以使顶棚向相邻空间延伸；还有一种情况，就是当围合实体是落地玻璃窗时，餐厅地面会向户外延伸，能获得意想不到的空间效果。

餐饮空间设计要符合不同人群用餐心理和用餐习惯。要满足这些需求，餐饮空间的呈现形态应多样化。空间的围合与渗透是相对而言的，渗透是在围合的前提下设法打破封闭感，获得空间的流通。当然，没有围合就衬托不出空间的渗透。两种空间形式各有特点，二者巧妙结合、灵活运用，既能获得围合中的亲切感，又能获得渗透中的流畅性，还避免了过于封闭的单调感。空间既要大小结合，又要高低错落；既要考虑空间的围合，增强领域感、私密性，又要考虑空间的渗透，使人感到有趣。总之，餐饮空间设计要避免单调，力求空间层次丰富，使人享受到优质的用餐体验。

用水平实体及垂直实体两种形式可以在餐厅中限定出多种空间。餐饮空间中如果仅仅存在一种空间会很乏味，应该由多种空间组合构成。只有这样，才会形成层次丰富的空间形式，才能吸引顾客。

【客从何处来甜品餐厅中的多种空间组合】

客从何处来甜品店 / 水相设计

3.1.4 空间的组合形式

在餐饮空间设计中，有几种比较常见的空间组合形式：集中式、组团式、线式及综合式。下面分别阐述这几种空间组合形式。

1. 集中式空间组合

在餐饮空间的组合形式中，集中式空间组合是一种稳定的组合形式，它具有向心性，是由一定数量的次要空间围绕一个大的占主导地位的中心空间围合形成的。集中式空间组合的交通流线可为辐射形、环形或螺旋形，且流线都在中心空间内终止。

集中式空间组合是一种稳定的向心式的组合形式，由一定数量的次要空间围绕一个大的占主导地位的中心空间构成。

组合中心的统一空间一般是规则的形式，在尺寸上要大到足以将次要空间集结在其周围。

组合的次要空间的功能和尺寸可以完全相同，形成规则的、两轴或多轴对称的总体造型。

次要空间的形式或尺寸也可以不同，以适应各自的功能或周围环境等方面的要求。次要空间中的差异使集中式空间组合可根据场地的不同条件调整自身的形式。

（资料来自《室内设计资料集》，有改动）

《室内设计资料集》插图——集中式空间组合

雀巢总部餐厅 / RDR architectes

中心空间有多种形状，如圆形、三角形、方形、正多边形等。在餐饮空间中，中心空间周围的次要空间可以采用不同的围合形式，大小各异，使空间多样化。设计者可根据场地、环境的不同需要设计出次要空间不同的功能特点，在中心空间周围灵活地组合若干次要空间，其组合形式及空间效果要活泼而有变化。在功能设置上，可以根据不同餐厅的特色进行设置，如次要空间可设置为雅座、小酒吧等。集中式空间组合可以结合餐厅主题，将中心空间作为构思的重点，这样，整个餐厅主题明确、个性突出。

2. 组团式空间组合

在餐饮空间设计中，组团式空间组合也是较常用的空间组合形式。将若干空间紧密连接，使它们之间互相联系，或以轴线形式将几个空间建立起联系的空间组合形式，都可以称为组团式空间组合。这种组合可以沿着一条通道来组合几个餐饮空间，通道可以是直线的、折线的、曲线的。一条线形通道可以将几个就餐空间组合起来，通道既可用水平实体和垂直实体来限定，也可用不同材料或灯光来象征性地限定，使组合空间流通感更强。

各餐饮空间既可以是互相流通的，也可以是相对独立的。比较常见的是几个餐饮空间紧密连接成组团式空间组合，分隔空间的实体通透性要好，各空间相互流通，建立视觉上的联系，还可用象征性分隔的方法使空间相互渗透。

【雀巢总部餐厅的集中式空间组合】

【宋・川菜的灯光组团方式】

另外，还有的组团式空间组合类似集中式空间组合，是将若干小的餐饮空间布置在一个大的餐饮

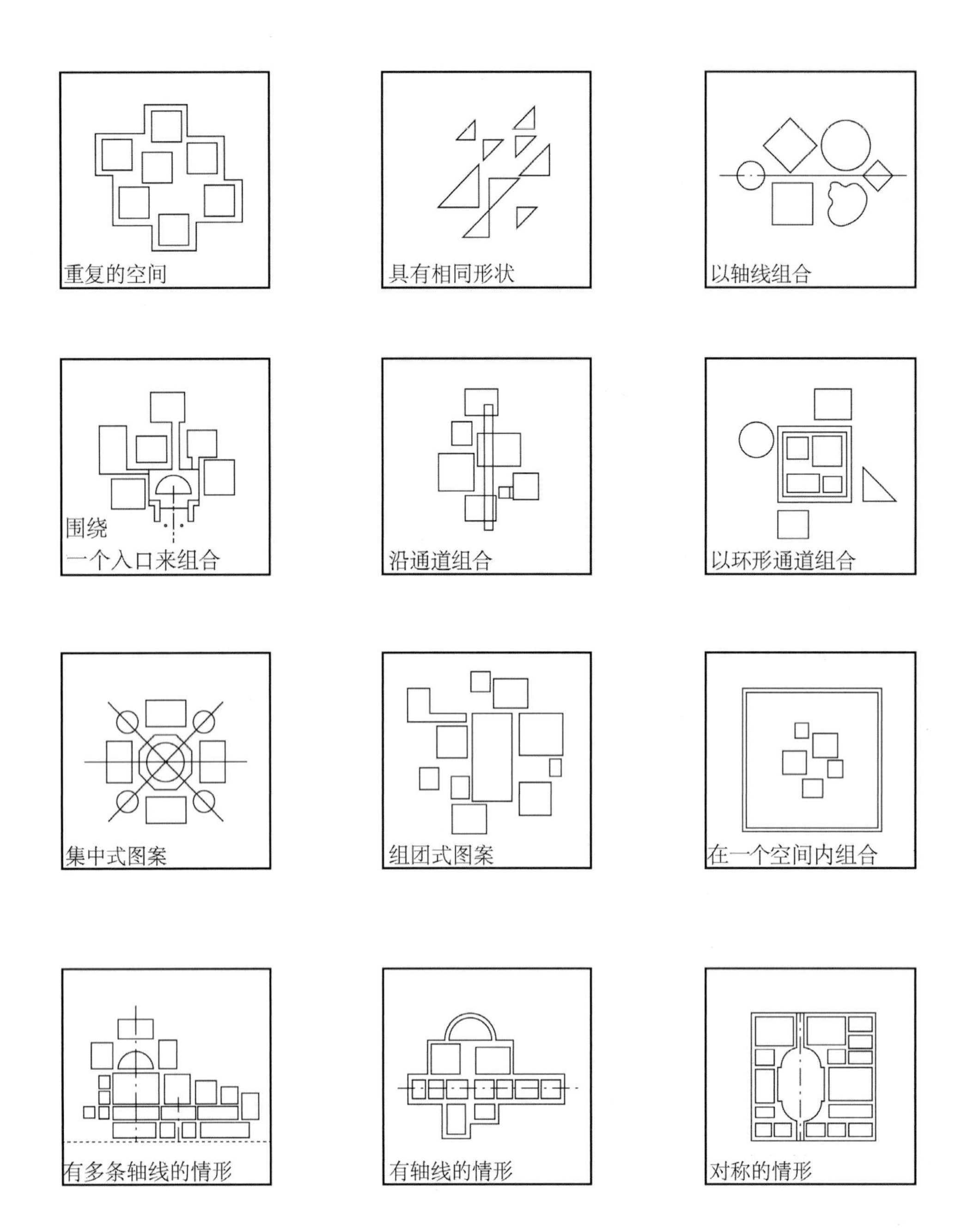

组团式空间组合通过紧密连接使各个空间之间互相联系，通常由重复出现的格式空间组成。这些格式空间具有类似的功能，并在形状和朝向方面有共同的视觉特征。组团式空间组合也可在其构图空间中采用尺寸、形式、功能各不相同的空间，但这些空间要通过紧密连接和诸如设置对称轴线等视觉上的一些方法来建立联系。因为组团式空间组合的图案并不源于某个固定的几何概念，因此它灵活可变，可随时增加和变换而不影响其特点。

组团式空间组合可以将建筑物的入口作为一个点，或者沿着穿过它的一条通道来组合其空间。这些空间还可成组团式地布置在一个划定的范围内或者空间体积的周围。这种图案类似于集中式空间组合，但缺乏后者的紧凑性和几何规则性。组团式空间组合还可设置在一个划定的范围和空间体积之中。

由于组团式空间组合图形中没有固定的重要位置，因此必须通过图形中的尺寸、形式或朝向，才能显示出某个空间所具有的特别意义。

在对称及有轴线的情况下，可加强和统一组团式空间组合的各个局部，有助于表达某一空间或空间群的重要意义。

（资料来自《室内设计资料图》，有改动）

《室内设计资料集》插图——组团式空间组合

Cortina 餐厅 / Heliotrope Architects

空间周围。这种组合方式紧凑且具有几何规则性，比较自由灵活。

3. 线式空间组合

线式空间组合实质上是一种空间序列的组合形式。“线”的性质有很多种，可以是直线的、折线的，也可以是弧线的、曲线的；可以是水平的，也可以是高低变化的。线式空间组合在餐厅空间中的形式相对比较灵活，它适用于多种场地和地形条件，可以将参与组合的空间直接串联，也可以通过一个线性空间来建立区域间的联系。例如美食一条街会在一条曲线形通道两侧布置多个小的餐饮空间，这些小空间通过这一曲线来建立联系并组成一个完整的线式空间。这些小空间彼此分隔，又存在联系，且私密性比较好，相互渗透，有空间层次变化，可以适应不同顾客的餐饮需求。

【Cortina 餐厅的线式空间组合】

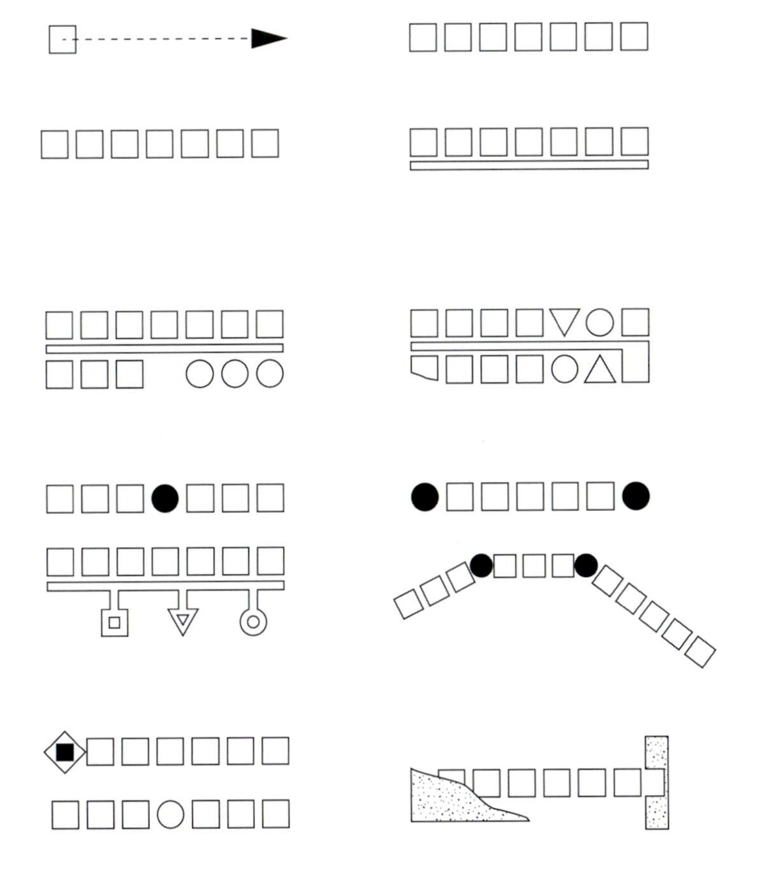

《室内设计资料集》插图——线式空间组合

线式空间组合实质上就是一个空间系（序）列。这些空间可直接地逐个连接，也可由一个单独的不同的线式空间来连接。

线式空间组合通常由尺寸、形式和功能都相同的空间重复出现而构成，也可将一连串形式、尺寸或功能不相同的空间由一个线式空间沿轴向组合起来。在这两种组合中，序列的每个空间都有一个室外开口。

在线式空间组合中，在功能方面或者象征方面具有重要性的空间，可以出现在序列的任何一处，以尺寸和形式来表明它们的重要性；也可以通过所处的位置加以强调置于线式序列的端点，与线式空间组合偏移，或者处于扇形线式空间组合的转折点上。

线式空间组合的特征是“长”，因此它表达了一种方向性，具有运动、延伸、增长的意味。为使延伸感得到限制，线式空间组合可终止于一个主导的空间或形式，或者终止于一个特别设计的清楚标明的入口，也可与其他的建筑形式或者场地、地形融为一体。

（资料来自《室内设计资料图》，有改动）

线式空间组合可以在营造餐厅主题氛围时，强调某个空间的重要性。在空间的尺寸和形式上要加以变化，也可以通过所处的位置来强调某个空间，将主导空间置于线式空间组合的终点，来体现餐厅主题和氛围。

4. 综合式空间组合

在餐厅空间设计中，无论采用哪种组合形式都要根据场地条件、使用要求、构思需要等多种因素进行综合考虑，还要根据各个空间组合形式的特点及适应条件，在理性分析的基础上进行空间组合设计。前文分别阐述了餐厅设计中常见的三种空间组合形式：集中式、组团式及线式。这三种空间组合形式各有优势，也有局限性。

【TORI 餐厅圣达菲店的综合式空间组合】

当采用集中式空间组合时，中间必须有一个位置作为主导空间，四周有多个烘托主体的较小的次要空间。由于这种空间组合方式要以一定数量的次要空间围绕主导空间进行布置，主导空间多采取规则的几何形式，例如方形，如果是狭长的空间形式，这种组合形式就达不到向心的效果。

组团式空间组合平面布局相对灵活，空间组合自由，组合的空间形式可以有主有次，也可以各自成组，还可以随场地的地形变化、形状大小及功能不同进行空间组合。但组团式空间组合有时会受场地空间大小限制，从而难以合理地展开。

TORI 餐厅圣达菲店 / Esrawe Studio

Moxy East Village 酒店餐厅 / Rockwell Group

线式空间组合的特点是空间长、序列感强，且有方向性。人穿行在餐厅空间中，从一个空间进入另一空间，随着空间的变化，时间因素对空间序列也有影响，从而使人形成对餐厅空间的整体印象。这种空间组合形式大多应用于狭长的餐饮空间中。

餐厅是提供人们日常就餐与社交活动的公共场所，随着物质生活条件的提高，人们对餐饮环境的需求也在提高。餐饮空间形式应该是多样化的，层次也应该是丰富的。究竟要采用哪种空间组合形式来进行空间组合，要组织什么样的空间序列，在设计中是至关重要的。在实际操作中，由于餐厅客观环境及条件限制，往往会采取上述组合的综合运用形式，即综合式空间组合。设计者在设计中要灵活运用多种空间组合形式，巧妙组织不同的餐饮空间，创造出有个性特色，富有情趣的餐饮环境。

在设计餐厅室内环境时，要考虑人的活动特征。餐厅内环境既要使顾客进出方便、有序，又不干扰其他客人用餐；既要在餐厅中央设计大空间，又要在周边布置较隐蔽的小空间；既有热烈的气氛，又有安静的用餐体验。

【Moxy East Village 酒店中餐厅的组团式空间组合】

Smallfry 海鲜餐厅 / Sans-Arc Studio

3.2 布局设计

3.2.1 功能区域划分

功能区域划分是餐厅整体空间根据功能配置及面积大小进行区域位置划分的重要一步，一般遵循就餐空间在前、烹饪操作空间在后、服务空间与公共空间穿插二者之间的基本原则。对餐饮空间整体进行前后区域划分，主要以入口为界定基准，前半部分空间是与顾客紧密联系的就餐空间，烹饪操作空间设置在后半部分空间里，它们是具有主次意义的

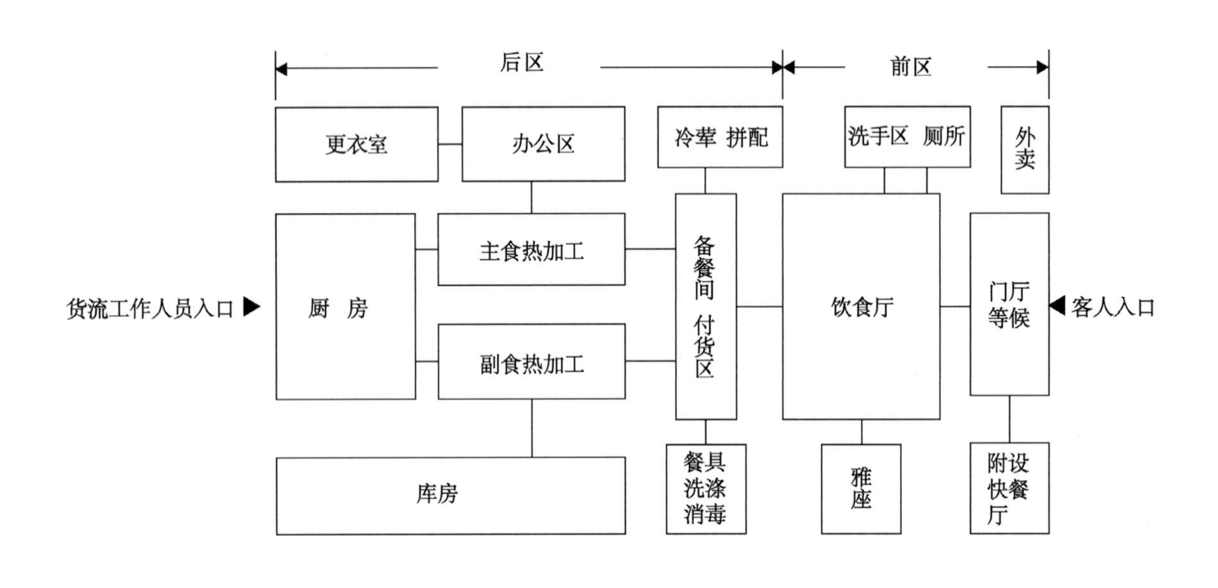

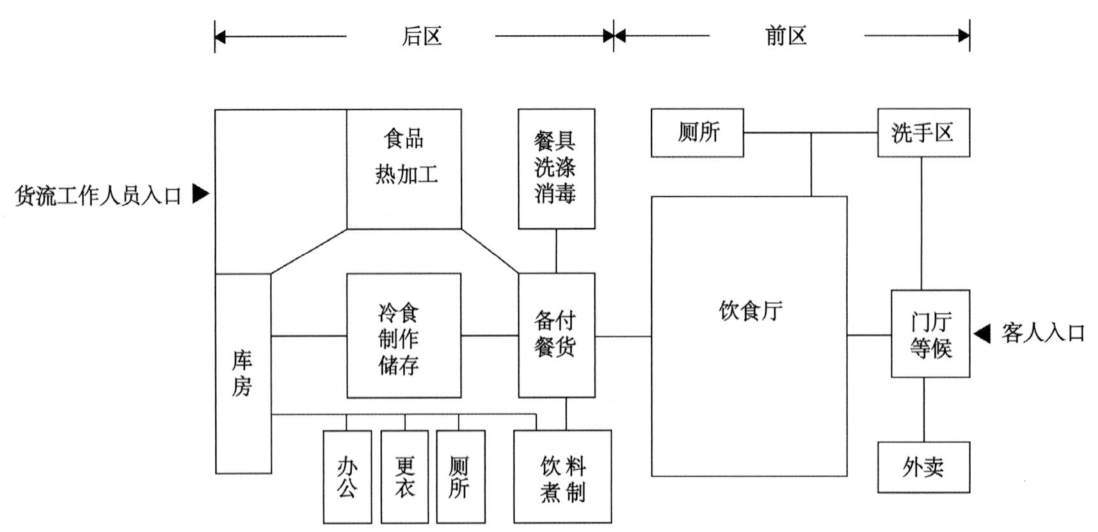

餐厅功能区域划分（作者绘图）

空间关系。一般来说，就餐空间占据整个餐饮空间的重要位置，是一个连贯空间，占地面积较大，且与其他功能空间相互连接。

秩序是餐厅设计中的一个重要因素。在餐厅空间功能区域划分时，必须考虑空间的大小、餐桌的疏密及通道的宽窄，而不应该过分追求餐桌数量的最大化。

3.2.2 座席布置原则

座席布置是在餐厅设计时重要的一个环节。如何布置餐厅的座席，不仅对顾客就餐体验有很大影响，还对餐厅就餐区的利用率也有很大影响。座席布置不仅要考虑空间设计、使用要求、人体尺度，还要符合人的行为、心理需求。

餐饮空间的座席布置是就餐环境好坏的重要指标，设计时要考虑规律性、可识别性与舒适性，还要留出必要的交通空间。

餐厅设计中座席的平面布局要满足就餐的实际需要，如空间设计、人体尺度、行为心理、交通流线等。通过合理的组织安排，把餐桌井然有序地安排在一个大的餐饮空间中。在餐饮空间中，座席往往划分为多种区域，且这些区域与空间划分是一致的。在餐厅设计中首先是空间设计，利用包括地面、顶棚、立柱、隔断、围栏、绿植、水体等在内的媒介进行围隔，将餐厅划分为若干个既分隔又流通的空间，然后在每个空间里布置座席。座席分区要符合空间设计，每个空间的座席要采用不同的布置方式，既让空间增加趣味性，又能为客人提供多种就餐座席的选择。

江苏淮安奢岛西餐厅 / 孟萨空间设计

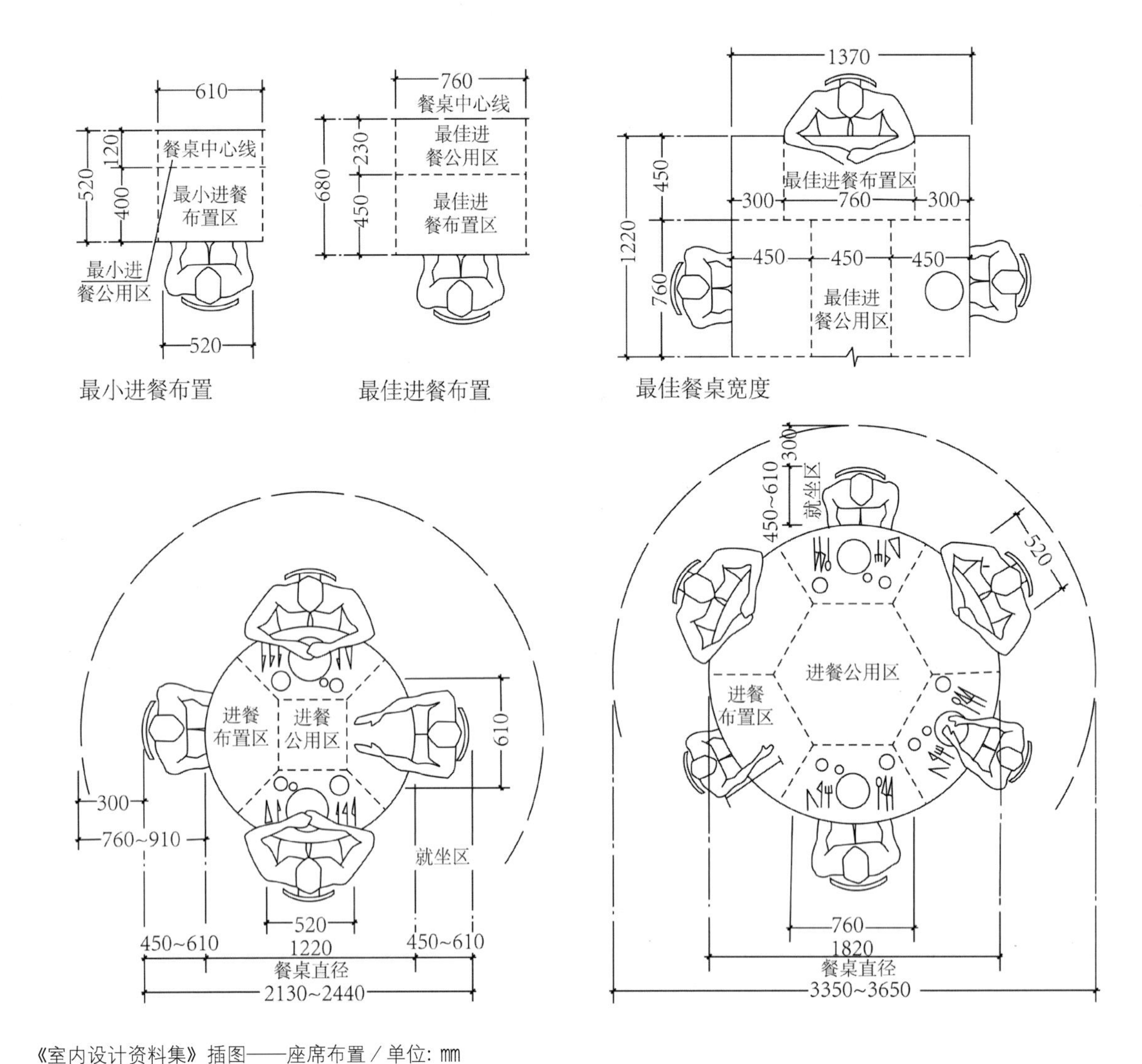

《室内设计资料集》插图——座席布置 / 单位: mm

餐厅座席的平面布局可采用多种多样的布置方式。在考虑顾客的需求及布局的灵活性时，有三个方面是需要重点考虑的，即秩序感、依托边界和多样性。

1. 座席布置的秩序感

秩序感是座席布置的一个重要考虑因素。理性的、有规律的座席布置，能产生井然有序的秩序美。规律越单纯，整体平面布局的条理就越严整；规律越复杂，整体平面的形式就越活泼。简单的座席平面布局整体感强，但相对单调乏味；复杂的座席平面布局则富于变化，但会造成杂乱无章之感。因此，设计座席平面布局时要注重秩序感，既要整体感强，又要有趣味和变化。

【Glorietta 餐厅座席布局】

Glorietta 餐厅 / Alexander & CO

上海 Lounge by 拓高乐新竞技社交空间 / hcreates 罕创设计

2. 座席布置要依托边界

在餐厅用餐时，人们喜欢选择空间的边界区域作为个人空间的专有区域，这是因为在人的行为心理上个人空间需要受到庇护。布置有边界的座席，是座席平面布局的重要设计手段。设计者可以根据场地具体情况选择可依托的某个边界实体，如窗、墙、隔断、柱子等进行座席布置，使顾客获得安定感、庇护感。

3. 座席布置的多样性

餐厅的经营类型决定了其主体顾客的组成，座席要针对餐厅的主体顾客组成来布置。例如，商务餐厅多以宴请、应酬为目的，餐食以正餐为主，餐桌的布置以圆桌的形式为主，4～10 人为一桌，顾客用餐的同时可以交流沟通；快餐店顾客多以年轻人为主，用餐时间相对较快，餐桌多以 2～4 人桌为主，还可以设置单人餐桌或是线性餐台，增强客人的领域感，避免与陌生人同桌共餐；酒吧、咖啡厅可设置火车座或雅座，私密感强，便于交流或独自享受用餐氛围。

座席的布置要有多样性，并配合餐厅的经营性质。座席的布置也要灵活机动，可适当采用拆分组合的形式。当顾客少时，布置成 2～4 人桌，顾客多时，又可组成 6～10 人桌。有的大包房用吊挂式隔断划分座席空间，可根据顾客需要打开吊挂的活动隔断，变为多座席联合形式的包间。

3.2.3 餐座设置与空间尺度

餐座是人在餐厅用餐期间的主要停留处，餐座设置要考虑人的行为需要。餐座必须舒适，适于人体尺度。餐座设置的舒适性直接影响顾客的就餐体验。除了考虑餐座设置，还要考虑空间尺度，如客流通行和服务通道的宽度、餐桌外围空间的大小、包间家具与餐桌的距离、酒吧吧台与酒柜服务区间隔距离等。

CiaoChow 餐厅 / Kokaistudios

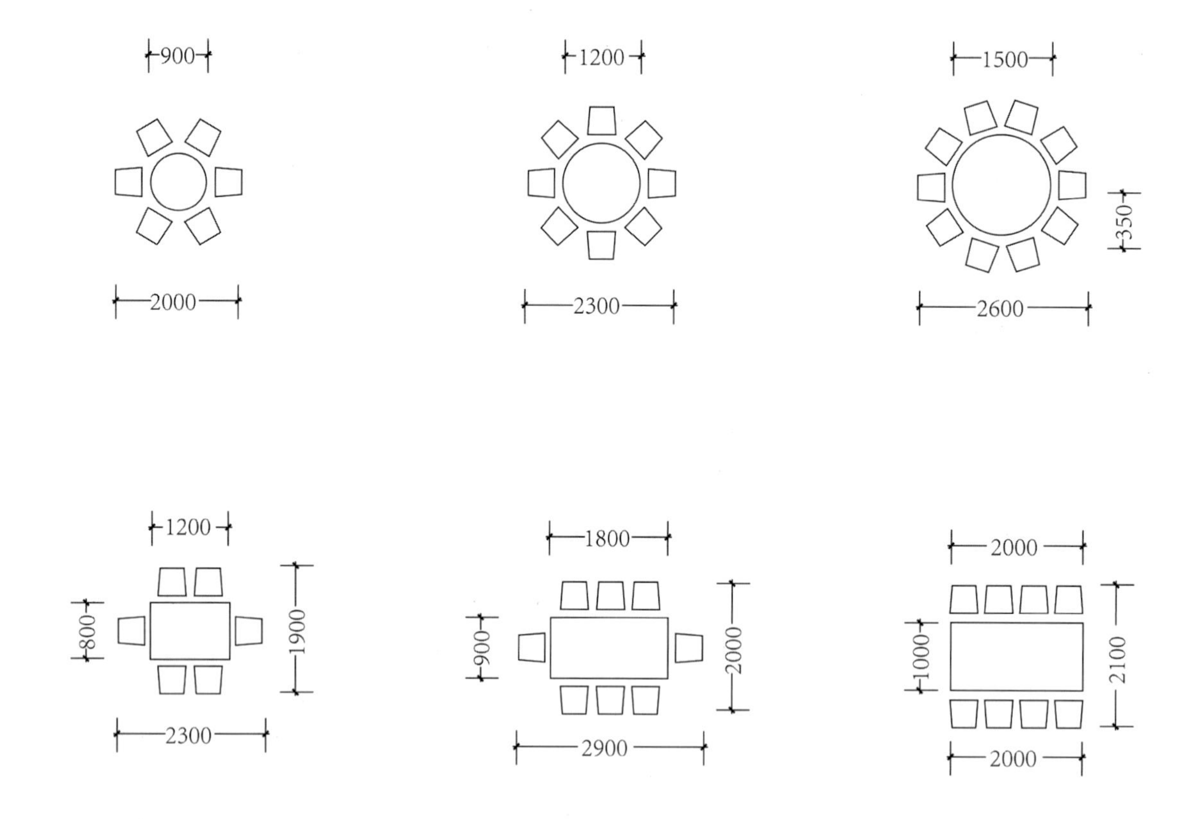

《室内设计资料集》插图——餐桌、餐椅的摆放形式 / 单位: mm

就餐动机与就餐人数的对应关系如表 1 所示。

表 1　就餐动机与就餐人数的对应关系

惠顾动机	填饱肚子	约会	恋爱目的	消遣	与朋友交谈	商务会谈	各种会餐	家宴婚宴生日宴	同学会	中型宴会	大型宴会
人 / 组	1 ~ 3	2 ~ 4	2	1 ~ 4	2 ~ 6	2 ~ 10	4 ~ 20	6 ~ 20	20 ~ 50	30 ~ 50	大于 50

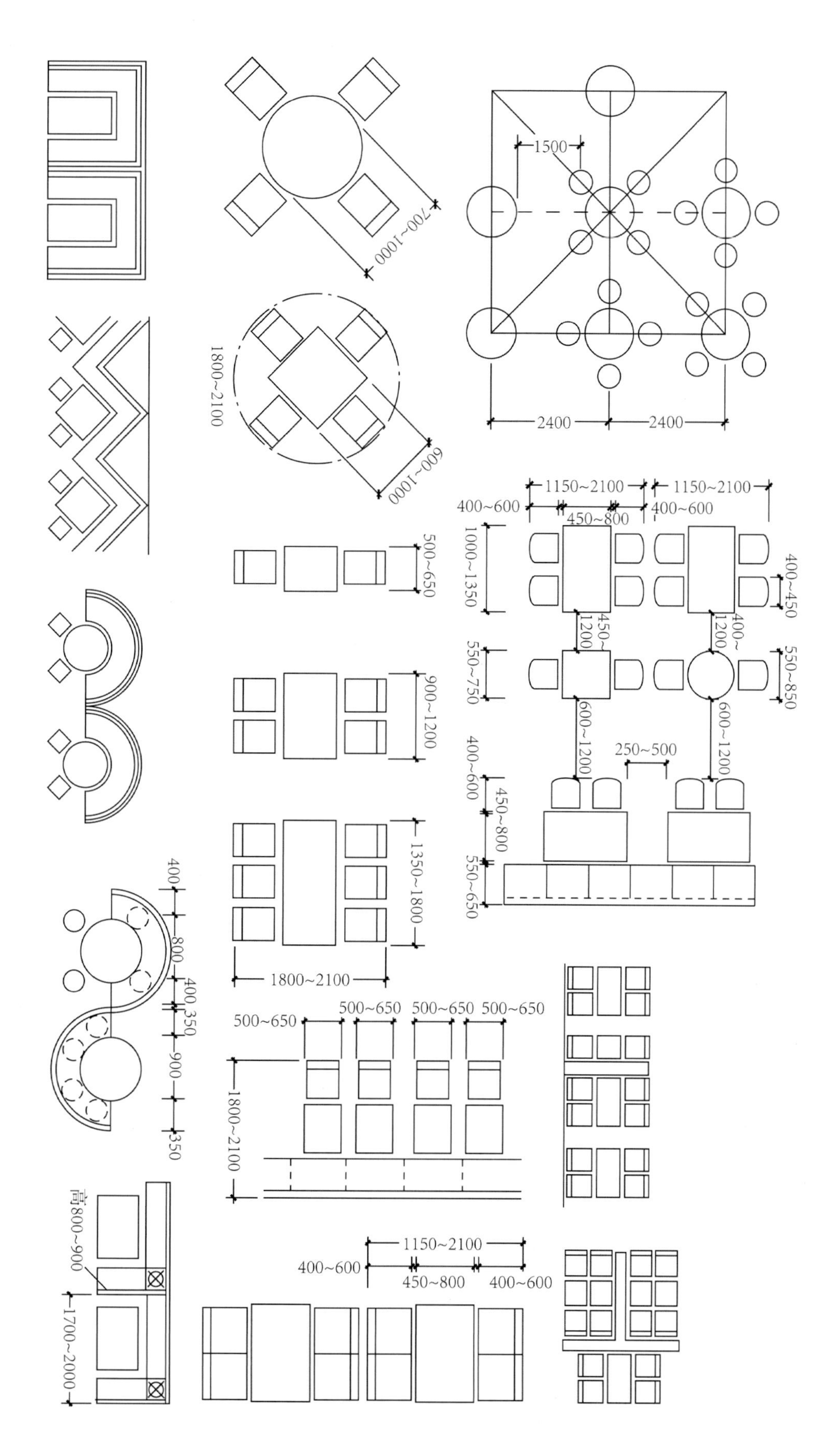

《室内设计资料集》插图——餐桌、餐椅摆放组合形式 1 / 单位: mm

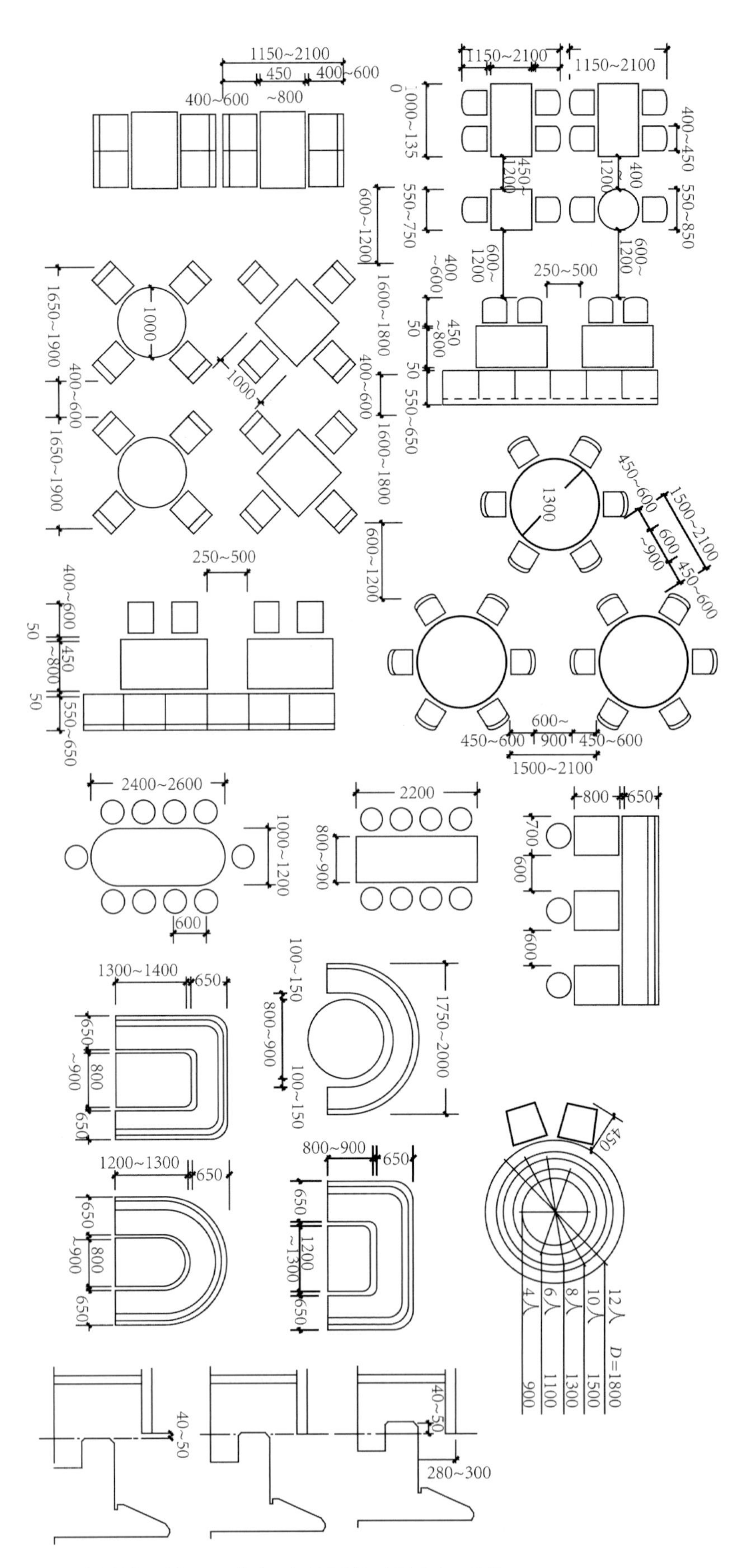

《室内设计资料集》插图——餐桌、餐椅摆放组合形式 2 / 单位：mm

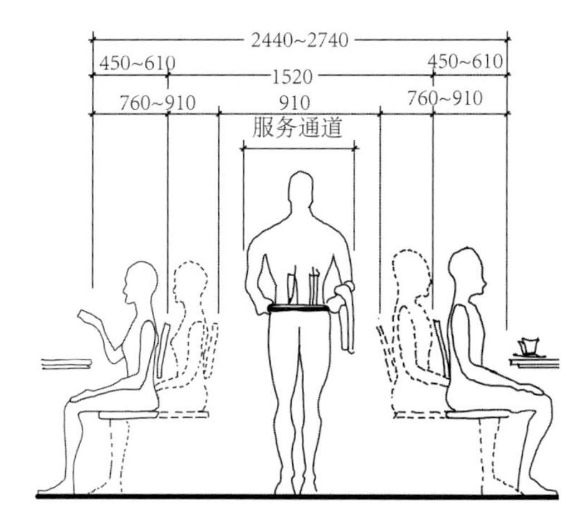

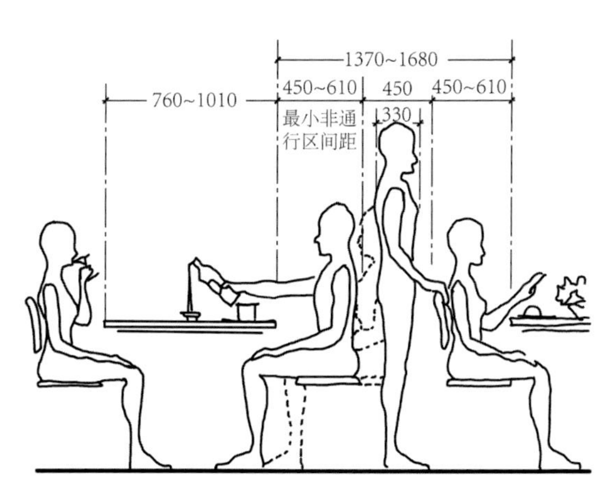

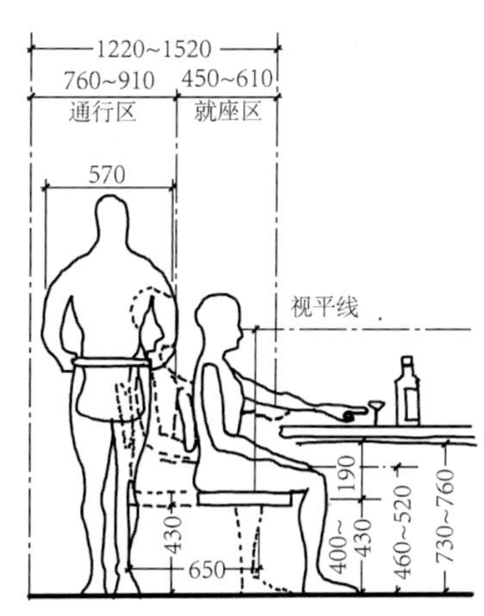

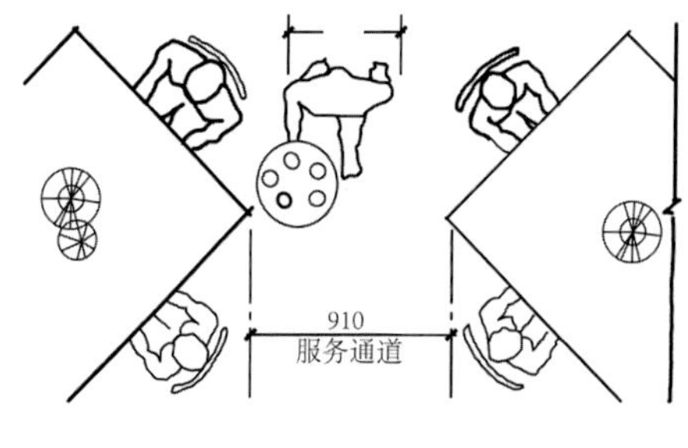

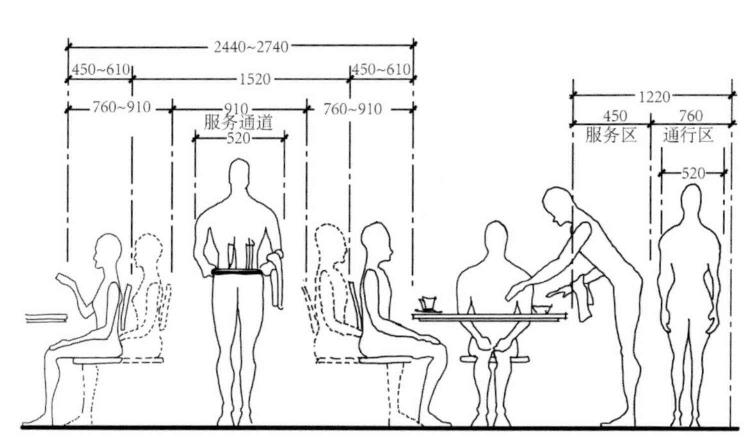

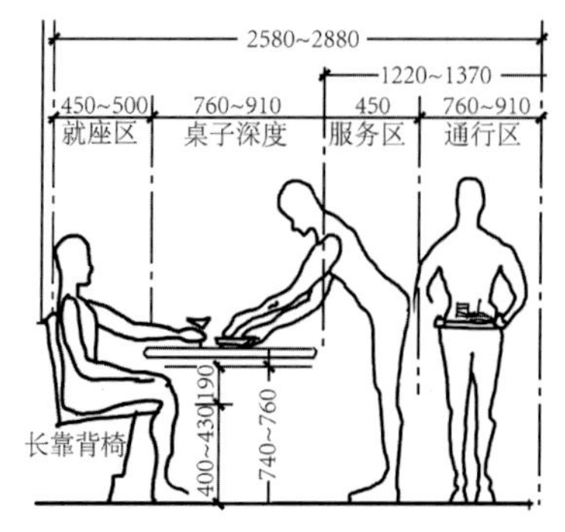

《室内设计资料集》插图——餐厅空间中常用人体尺度 / 单位: mm

3.3 界面设计

室内设计中的界面设计是指对围合和划分空间的实体进行具体设计，就是根据对空间限定的要求和对围合与划分的不同需求来设计实体的形式和通透程度，并根据整体构思的需要，对实体表面的材质、色彩等进行装饰设计。界面设计对室内环境整体氛围的营造起主要作用，它不单是对室内表面进行处理，更重要的是通过设计把局部界面装饰与整体环境氛围有机地结合起来，并加以深化。餐饮空间中体现界面设计的元素很多，除了地面、棚面、墙面、柱子，还包括栏杆、隔断、家具、灯具、绿化带等。

空间设计是界面设计的基础，界面设计要服务于空间设计。在餐厅设计中，由于对餐饮环境氛围要求和构思出发点及施工材料、工艺技术不同，餐厅界面设计的表现手法和表现形式也是不同的，如用不同界面材料表现不同的肌理；利用界面凹凸造型创造光影变化效果；通过界面结构构件体现技术美；运用色彩搭配强调界面装饰图案；等等。

3.3.1 界面设计组成

界面设计主要由三部分组成：界面造型设计、界面色彩设计、界面材料与质感设计。

1. 界面造型设计

界面造型设计主要是指对界面的形状、边缘、交接处、凹凸镂空等进行设计。界面的形状多以承重墙、梁、柱等结构构件为依托，以结构构成轮廓，形成平面、曲面、折面等不同界面。在实际设计操作中，可以不考虑结构体系，而是根据使用功能的需要进行界面造型设计。例如，餐厅棚面有防火、喷淋、空调、排烟等各种管道，可以结合使用功能设计不同造型或局部裸露的棚顶界面（如火锅店、烧烤店棚顶界面）。

对界面的边缘及界面交接处的处理是界面设计的难点之一。在施工时，餐厅界面的边缘或交接处存在不同材料连接的情况，即所谓“收口”，通常会用不同断面的脚线来处理，如装饰墙面上两种材料结合处的腰线压条等脚线。

另外，界面造型的纹样、图案，是体现餐厅设计风格的重要表现语言。

2. 界面色彩设计

餐厅空间界面色彩对人的影响贯穿在整个进餐过程中。色彩不仅会对整个餐厅的环境氛围产生影响，还会对人的心理和生理感受产生影响。

(1) 色彩心理。

色彩对人的心理影响很大。一般来说，暖色会让人产生紧张、热烈甚至兴奋的情绪，冷色则让人产生宁静、安定的感觉。暖色让人感觉离得近，冷色则让人感觉退得远。大小相同的两个房间，冷色显得大，暖色则显得小。色彩明度上的变化也会给人不同的感觉。明度高使人感到明快、兴奋，明度低则使人感到压抑和沉闷。除此之外，色彩的深浅不同，给人的重量感也会有所不同。浅色让人

Le Cathcart 啤酒花园美食城 / Sid Lee Architecture+Menkès Shooner Dagenais Le Tourneux Architectes

	顶 棚	墙 面	地 面
红　色	干扰性大、分量感重	进犯的、向前的	突出的、警觉的
粉红色	精致的、愉悦舒适的、甜密的	软弱、粉气	过于精致，较少使用
褐　色	沉闷压抑	沉稳，多为硬装饰	稳定、沉着
橙　色	引起注意、兴奋	暖和、明亮	活跃、明快
黄　色	兴奋、明亮	过暖，纯度太高不舒服	上升的、有趣的
绿　色	冷，较少使用	冷、安静	冷、柔软、轻松
蓝　色	冷	冷、远	结实、有运动感
紫　色	不安，较少用	刺激感	沉重，多用于地毯
灰　色	显暗，浅灰使用较多	中性色调	中性色调
白　色	有助于扩散光源，简洁	苍白、素静	禁止接触

《室内设计资料集》——不同色彩在不同界面的使用效果

感觉轻，深色则让人感觉重。所以，室内色彩一般运用上浅下深的原则来处理，由上到下，顶棚最浅，然后墙面会稍深，护墙则更深，而踢脚板与地面是最深的，这种方式会产生很好的稳定感。

不同餐厅的色彩设计是不同的，小型餐厅及酒吧在室内色彩运用上要深沉，让人产生一种安宁的感觉，营造一种私密性强的氛围。同时，在照明上也不能过亮，以冷色调为主，如蓝色、紫色等。而大型的餐厅，为了给人

广州凤园椰珍餐厅 / 谢几点设计事务所

【广州凤园椰珍餐厅的色彩统一与变化】

一种既金碧辉煌又舒心悦目的感觉，其色彩与照明、采光的搭配应明朗、欢快一点。

(2) 色彩的统一与变化。

色彩是营造室内环境氛围的重要因素之一，要注意做到统一且不单调，变化丰富且不零乱，不仅要讲究整体上的色彩设计，同时也要处理好对比与协调之间的相对关系。

一个统一的色调对室内色彩设计很重要，简单来说，就是要有一个主色调。一个主色调能创造出富有特色的、有倾向性的、有感染力的环境氛围。一支乐曲得有主旋律，一幅绘画也得有主色调，室内色彩设计也一样，若失去了主色调，就好像一支没有了主旋律的乐曲，就会很散乱。因此，在选择和确定总体的基本色调上，以及在各部分的色彩变化同主色调的协调上，设计者必须十分慎重。

若是在复杂的空间组合中，不同空间可以有各自的主色调。但前提是这些空间要以一个空间为主，主空间也要有一个主色调。不同色调之间也要相互联系。例如，可以以春、夏、秋、冬四季，或以花卉植物、民族特色等为主题设计色调。另外，一两种辅助色也要有，能起到呼应且协调的作用，如金色、银色、黑色、白色、灰色和天然材料的固有色，无论跟什么颜色相搭配，它们都是协调的。

【Ramona 餐厅的色调】

Ramona 餐厅 / Studio Modijefsky

【Burleigh Pavilion 海边餐厅的色调】

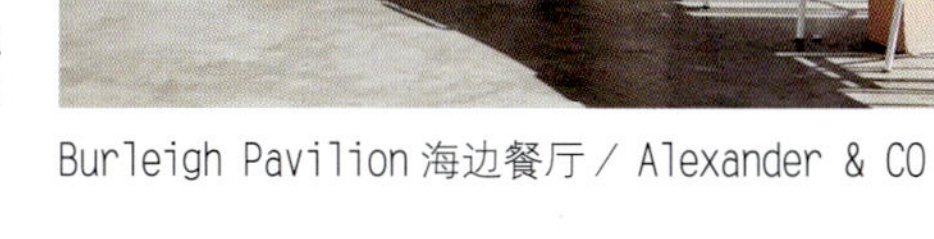

Burleigh Pavilion 海边餐厅 / Alexander & CO

Under 水下餐厅 / Snøhetta

Deeds Brewing 酒吧 / Splinter Society Architecture

在实践中，色彩画面的构图源于色彩缤纷的大自然。无论是神秘莫测的夜色星空，还是浩瀚无垠的天空云霞，无论是鱼龙鸟兽的皮毛羽尾，还是斑驳陆离的矿岩树木，每幅画面都可以成为很好的色彩构图范例。设计师可以将从中获得的色彩画面构图的灵感运用到餐厅设计上，创造出生动的色彩环境和氛围。

3. 界面材料与质感设计

界面材料的选用，在很大程度上决定了餐厅的内部形象。每种材料都有不同的特性，若能够准确地把握住每种材料的特性，并巧妙地加以利用，就会创造出具有美感的室内空间。丹麦设计师凯尔·柯林特（Kaare Klint）曾指出："用正确的方法去处理正确的材料，才能以直率和美的方式去满足人类的需要。"

任何一种材料都具有独一无二的质感。材料的质感可以分为粗糙与光滑、粗犷与细腻、坚硬与柔软、刚劲与柔和等。质感特殊的自然材料，让人感觉趣味无穷，若用得巧，往往能达到意想不到的效果。人工材料则简洁明快，让人感觉精致细腻，若用得巧，能体现出机械美、几何美，还会有秩序感。合理选用、组织和搭配材料，是餐厅界面设计的关键。另外，不能单纯追求昂贵的材料。昂贵的材料或许能以彰显富丽豪华的特色，但成本较高。普通的材料往往可以创造出独特的意境。

【Deeds Brewing 酒吧的材料质感】

天然材料中的竹、藤、木、麻、棉等材料能带给人们亲切感。餐厅室内的材料采用纹理感强的草编、木头、藤竹等材料及粗略加工的材料，粗犷自然、富有情趣，用回归自然之感来表达朴素无华的传统气息和自然情调，从而营造一种温馨、宜人的就餐环境。不同加工技术及不同质地的界面材料，给人的感受也不同。全反射的不锈钢镜面给人精密、高科技的感觉，平整光滑的大理石给人整洁、细腻的感觉，纹理清晰的木材给人自然、亲切的感觉，具有斧痕的假石给人有力、粗犷的感觉，大面积的灰砂粉刷面给人平整的感觉。相比室外空间多运用石材装饰界面，营造粗犷、豪放的特色环境，室内空间在人与环境的关系上要密切得多。从视觉上来说，人们能够清晰地看到室内材料细微的纹理变化；从触觉上来说，人们伸手就可以摸到。就建筑材料的质感来说，室外装修材料的质感可以稍微粗糙一些，而室内装修材料的质感则可以光洁、细腻一些。当然，在一些特殊情况下，室内装修也可以选用比较粗糙的材料来取得特殊效果，但其面积不宜过大。

一般来说，室内的装修材料都比较细腻、光洁，其坚实程度、细腻程度、分块的大小及纹理等都各不相同，有的适合做墙面，有的适合做顶棚，有的则适合做地面，还有的适合做装饰。例如顶棚或吊顶，人们通常接触不到，又较易清洁，因而适合选用松软的材料，便用抹灰粉刷工艺。地面用来承托人的身体，不易清洁，因而适合选用坚实、光洁的材料，如水磨石、大理石等。

Nocenco 咖啡厅／武重义建筑事务所

国家大剧院西餐厅 / Paul Andreu

里所咖啡 / 如室建筑设计事务所

一些餐厅空间有特殊的功能要求。例如，多功能餐厅中的舞台部分多采用木地板，来保持适当的弹性或韧性。许多墙面采用护墙的形式，因为墙面的上半部人们是接触不到的，而下半部人们经常接触，所以下半部使用坚实、光洁的材料，从而起到保护墙面的作用。上半部可以采用较松软的材料抹灰粉刷。

餐厅界面设计的关键在于如何把具有不同质感的材料结合起来，并利用其特性及纹理等产生对比及变化。

就目前来说，“回归自然”是室内设计的趋势之一。因此，在选材上采用天然材料也变成了一种时尚，甚至连现代风格餐厅的室内装饰也常常会使用一些天然材料。以下是一些常用的木材、石材的性能和品种。

木材强度高、质轻、韧性好、热性能好，不仅触感好、纹理优美、色泽宜人、易于着色，还便于加工、连接和安装。常用于饰面的木材主要有水曲柳、桦木、桃花心木、樱桃木、花梨木、枫木、橡木、枯木、雀眼木等。

石材具有浑实厚重的特点，不仅耐磨性好、纹理和色泽优美，而且各品种都特色鲜明。根据装饰效果的需要，其表面还可做多种处理，如烧毛、凿毛、磨光、喷砂、喷水等。

餐厅中每种实体材料都能给人带来其固有的视觉感受，如粗糙的墙面有着原始的力量感，具有原始感的皮毛给人温暖舒适的感觉，光洁的水泥给人冷冰冰且生硬的感觉，而露出模板痕迹或带划痕的水泥表面则有粗犷的感觉。

在餐厅的材料运用上，还应注意处理好使用效果小视距的关系。例如，近处材料的肌理看得清楚，而远处材料的肌理效果就不明显，远处可用肌理粗糙的材料来衬托近处材料的精细，做到“低材高用”。

意大利山上餐厅 / Peter Pichler Architecture & Architekt Pavol Mikolajcak

Aluminum Flower Garden 餐厅 / Moriyuki Ochiai Architects

【Aluminum Flower Garden 餐厅的肌理】

3.3.2 不同界面的设计

1. 顶棚

顶棚是能直接反映出空间形态关系的顶界面。在现实生活中，有些建筑空间是不规则的、无序的。单纯依靠墙体或柱子，很难明确地界定出空间的形状、范围及各部分空间的关系，但对顶棚进行处理可以达到建立秩序、克服凌乱、突出重点的目的，也可以明确主次关系，从而突出设计重点。

在设置柱子的餐厅中，就餐空间往往被分隔成若干部分，这些空间本身会因为柱距不同而呈现出一定的主次关系。若在顶棚处理上再做相应的设计处理，这种关系就可以得到进一步加强，就餐区的主次关系会随之区分开；而在空间顶棚比较高的餐饮空间中，由于举架高，视线开敞不被遮挡，顶棚比较突出，透视感强。利用这一空间特点，采用不同的处理方法会加强空间的宽阔感和纵深感，好的顶棚设计会加强空间的序列感，对顾客的注意方向起到引导作用。

由于餐厅空间特点的不同，顶棚的处理手法也有所不同，大体归纳为几种常见方式：掩盖结构式、显露结构式、纹样图案装饰式、天窗采光式等。其在具体处理手法上可分为以下 6 种设计类型。

(1) 具有自然采光功能的顶棚，一般会在钢结构或铝合金结构上做玻璃顶光。

(2) 模仿夜景的顶棚，设计者可以通过色彩和灯光，营造繁星点点的浪漫夜色。

(3) 结合灯槽、光栅、光带。这种顶棚本身一般比较简洁，而以灯具造型作为顶棚的重点点缀，装饰效果好，既有重点，又解决了照明问题。

【醉美云聚餐厅的顶棚设计】

(4) 强调造型和图案。可采用一定的造型和图案对顶棚进行装饰。顶棚的造型和图案应与其他界面的造型和图案有所呼应，使餐饮环境具有整体感。

(5) 采用织物构成顶棚。由织物构成的顶棚，可使餐厅更具自然情调。

(6) 利用高架装饰构件，既可以丰富顶棚造型，又能起到围合餐座小空间的作用。

2. 地面

地面是室内空间的底部界面，它是以水平面的形式出现的。地面作为空间底部的界面能最先被人的视觉感知，哪怕是地面色彩、质地和图

醉美云聚餐厅 / 继景室内设计工作室

YEN 日本料理 / Sybarite

【YEN 日本料理餐厅的顶棚与采光设计】

案的细微变化往往也会直接影响整个室内空间的气氛。

(1) 地面图案处理。地面图案大体可以分为三种类型：地面图案自身是独立完整的；地面图案是连续的，极具韵律感；地面图案是抽象的。有明确的几何形状和边框是第一种类型地面图案的特征，除此之外，具有独立完整的构图形式，这种类型与地毯的图案相似。第二种类型的地面图案比较简洁活泼，适用于平面布局相对自由灵活的近现代建筑，这种类型的图案没有固定的边框和轮廓，也能与各种形状的平面相协调。采用抽象的图案来进行地面装饰是地面图案第三种类型的主要表现形式，比地毯式图案的构图更自由、活泼是这种类型的优势。

La Sastrería 餐厅 / Masquespacio

【La Sastrería 餐厅的墙面设计】

(2) 地面材质处理。比较耐用、结实，便于清洗的材料一般会成为餐厅地面优先考虑的材料，如花岗石、水磨石、毛石、地砖等。石材、木地板或地毯多出现在较高级的餐厅。采用同种材料变化是地面处理的一种手段，除此之外，也可用两种或多种材料结合。例如，将石材用于通道，将地毯用于就餐区，这让地面在具有变化的同时又具有很好的导向性。

(3) 地面的光艺术处理。光的艺术处理可以取得独特的效果，可用于地面设计中。例如，将灯光设置在地面下方，既可以丰富整体的视觉效果，又可以起到引导作用。地面上设置的光在具有导向作用的同时，也能作为地面的装饰图案出现。

阿那亚第四食堂室内设计 / 明懿空间设计

3. 墙面

墙面是空间的侧界面，作为围合空间中的重要因素之一，它一般以垂直面的形式出现，对人的视觉感受来说至关重要。在进行墙面处理时，大到门窗，小到灯具、通风孔洞、线脚和细部装饰等，只有把墙面作为整体的一部分并与其他因素有机地联系在一起时，完整统一的效果才能得以呈现。在处理墙面时，最关键的问题是将门窗组织好、在进行墙面开洞、处理凹凸面之间的关系等。门窗与墙面的关系实际上就是虚实关系，门窗为虚，墙面为实。对门窗开洞进行组织，实质上就是在处理虚实关系，决定墙面处理成败的关键就是把握好虚实之间的关系。

(1) 设置大片玻璃窗，使室内空间与室外空间在视觉上连通，将丰富的室外景观“引入”室内，增加室内外空间的互动，从而给室内空间带来活力。

【大理柴米多农场餐厅的墙面设计】

(2) 在墙面上可以运用几何形体的组合产生凹凸变化，构成具有立体效果的墙面装饰；利用弧形体块与方形体块构成墙面的变化，产生对比效果，使餐厅独具特点；利用圆形母题组合的构图和凹凸变化，使餐厅空间整体效果统一又富变化。

大理柴米多农场餐厅 / 赵扬建筑工作室

(3) 合理使用和搭配装饰材料，使墙面富有变化、富有特点。例如，将竹子排列组合装饰墙面，可以在空间中取得很好的效果。

(4) 运用绘画手段装饰墙面。用内容合适且内涵丰富的绘画进行装饰，既可以丰富视觉感受，又能够在一定程度上强化设计主题思想。有时运用绘画手段处理整面墙，能产生独特的效果。

易星球 / Coordination Asia

(5) 把墙面和酒柜或其他家具综合起来考虑。利用酒柜来装饰墙面，也能取得奇特的效果。

(6) 利用光作为墙面的装饰要素，将独具魅力。

4. 其他

(1) 隔断。

在餐饮空间的设计中，分隔空间和围合空间往往会采用隔断的形式，这种形式与用地面高差变化或顶棚造型变化相比，在限定空间上更实用和灵活。由于隔断可以脱离建筑结构，因此可以更方便地自由变动、组合。隔断具有划分空间的作用，当然，它还可以增加空间整体的层次感，设置人流路线，增加就餐依托的边界等。从形式上来分，隔断可以分为活动隔断和固定隔断两种形式。活动隔断，例如屏风、绿化带等，在隔断的同时具有使用功能。实

【“隆小宝”面条餐厅的隔断设计】

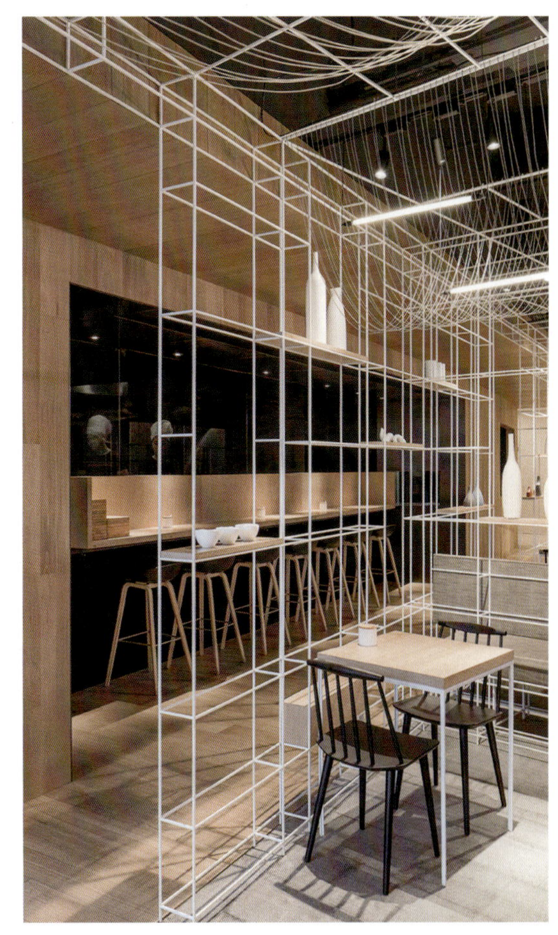

“隆小宝”面条餐厅 / Lukstudio 工作室

心固定隔断和漏空式固定隔断是实心隔断的两种形式。采用实心的石材矮隔断来划分空间，被围合的空间让人感觉更有私密性；采用网状隔断来划分空间，整体是镂空通透的，空间并未被完全隔断，属于分中有合，层次丰富。

（2）柱子。

柱子一般可分为承重柱和装饰柱。承重柱的形状一般有方柱、圆柱、八角柱等。装饰柱，顾名思义，以装饰为主，不承重；相对于承重柱来说，它的形式比较灵活自由，且位置、大小可以变化，所以，可以在界面处理时重点表现排列整齐有序的装饰柱。另外，将照明设计融入柱子的界面设计中，可以带来独特的效果。

案例分析 >>>

三谷酒吧的原始平面是一个不规则的形状，设计师为了解决原户型的缺陷，将两个割裂的空间在视觉上串联起来，根据原始的结构巧妙地做了一个扇形的装置，而其灵感源于乘风破浪的船头。在色彩上，设计师选择了大面积的灰色作为基底，为了契合主题，在点缀色上使用了邮轮经典的红蓝配色；在材质上，使用了大量的铝制品，点缀以少量的铜色，体现一丝蒸汽时代的机械感，形成了独特的立柱形态。

三谷酒吧 / 吾好空间设计

3.4　光环境设计

在一般的餐饮建筑设计中，讲到室内设计的重要元素，肯定就不能少了光。空间的展示离不开光，界面质感与色彩的表现也是如此，它具有神奇的艺术魅力。如果能合理地利用光，独特的氛围和情调就会自然流露出来。对于餐饮建筑设计来说，这一点是十分重要的，可以说利用好光是创造出有个性、有色彩的餐饮空间的有效途径。

光环境，是在室内空间设计中用光所烘托展现的环境效果，光环境设计具有不可或缺的作用。

光环境一般分为自然光环境与人工光环境。

Terrazza 餐厅 / OBR Paolo Brescia

揸弗人港式餐厅 / 福木设计

3.4.1　自然光环境

罗马的万神庙、勒·柯布西耶(Le Corbusier)设计的朗香教堂、贝聿铭设计的美国国家美术馆东馆……都是巧妙利用自然光创造的令人震撼的、充满艺术魅力的不朽之作。英国建筑师诺曼·福斯特（Norman　Foster）说过："自然光总是在不停地变化着，这种光可使建筑有特征，在空间和光影的相互作用下，我们可以创造出戏剧性。"这句话准确地表达了自然光是创造气氛、促使意境形成的极好手段。自然的光和影，从早晨到傍晚，从春天到秋天，变幻无穷，以其丰富的表情和语言，为人们提供了愉悦的视觉体验，使静止的空间产生动感，使材料的质感和色彩更为动人。路易斯·I. 康（Louis I.Kahn）是一位善用光线的大师，他说："你建造了一间屋子，为它开上窗，让阳光进来，于是，这片阳光就属于你了。你建造房屋就是为了拥有这片阳光，这是多美的一件事啊。"

今天，随着生活的日益现代化，人们对周围到处充斥的人工化环境产生了厌倦，渴望回归自然。如今，"室内环境室外化"已成为一种受人欢迎的设计时尚。餐饮建筑是一种富有生活情趣的建筑，如果设计得贴近自然，将受到人们青睐。充分利用自然光，形成一种人工所不能达到的、具有浓厚的自然气息的光环境，是建筑师和室内设计师的一个重要创作途径。例如，日本某高速公路旁的一处快餐店，它面朝

【Terrazza 餐厅的天然光环境】

海湾，快餐店高架在二层，除了厨房旁仅有的一点外墙，四面全为大片玻璃窗，视野十分开阔，让人将大自然的巨幅画卷尽收眼底。该设计将人与自然融为一体，在此小憩，十分惬意。

不同的侧窗有不同的效果。水平窗会使人得到身心的舒展，而开阔的垂直窗像是条幅式的景观画卷，落地窗在首层面向庭园，可以让人获得亲切和贴近自然的感觉。

值得一提的是，在餐饮空间设计中，如果能从顶部引入自然光，将产生戏剧性的效果。尤其是“夹缝式”餐饮店，其两侧甚至左、右、后三侧均被毗连建筑封闭，室内环境昏暗、闭塞，如果从顶部引入自然光，就会使整个室内空间生机盎然。随着太阳高度角的变化，光照射在室内空间的面积也会有所变化，这种变化可以产生变幻丰富的光影效果，极具感染力。由于进光口的大小不同，会产生不同的光影效果。当光线从顶棚向室内照射，室内光线明亮充足，投射到室内界面上，可以形成窗格或构架的剪影，中庭顶部大面积的天光将天窗窗格的剪影落在地面或墙面上，映射出天窗投影流动的曲线，随着时间的推移不断变化。在明媚的阳光照射下，室内生机勃勃，色彩艳丽的挂饰、葱郁的绿化，共同烘托出一种明快、温馨的情调。而当进光口很小很窄时，室内十分幽暗，这时光落到室内大面积的暗背景上，形成一道形状清晰而纤细的亮光，时长时短，忽高忽低，神奇而具有戏剧性。这是自然光的又一种艺术感染力。

【Auburn 餐厅室内设计环境氛围】

Auburn 餐厅 / Klein Agency

Terrazza 餐厅 / OBR Paolo Brescia

3.4.2　人工光环境

由于受场地和种种条件的限制，有的餐饮店处于无窗或少窗的环境（如地下室、大型综合场馆内的餐饮店），难以采用自然光，在这种环境中人工光是必然的选择。人工光有独特的优势与魅力，有冷光与暖光，强光与弱光，既可以漫射，又可以聚光，或实或虚，或浓或淡，可以根据环境组合应用，变幻无穷。随着光照技术的巨大进步，可以毫不夸张地说，利用人工光能够渲染出任意一种人们想要的或者所需的光环境。

千万不要误以为灯具设计就是人工光设计，不能从注重光的设计变成只注重灯具在顶棚上的组合图案、灯具造型和灯具布局，并不关注灯具射出来的光会形成什么样的光环境。

灯具是辅助光环境设计的一种手段。在光环境设计中，要想好怎样使用光，用光创造怎样的情调和环境氛围，再根据想达到的效果来选择与配置灯具。所以，一定要注意设计顺序，光环境设计在前而灯具（或照明）的具体设计在后。

人工光除了照明的实用价值，还有以下多种艺术效果。

万两烧肉 / 有幸设计

1. 表现空间、调整空间、限定空间

能表现空间是人工光与自然光的共同功能，这是不言而喻的。值得一提的是，改变光的投射是人工光的特点，这样不仅可以使空间界面形成强烈的反差，突出空间造型的体面转折，还可以借助明亮的光照模糊整个空间界面的变化，这样空间的限定程度被减弱，让人感觉更柔和。

【万两烧肉餐厅的人工光环境设计】

调整空间（感）是人工光的另一个作用，空间的视觉尺度能够通过人工光来放大或者缩小，例如想要使空间感向上扩展、显得深远，可以选择用反射光照射棚顶或侧墙的上部。

另外，限定空间也是人工光的作用之一，可以划分区域或明确空间范围。一片光可以形成一个虚拟的“场”，能够在人心理上限定一个空间区域。例如将低垂的一片光带设置在客席上方，或者将一个点光源设置在餐桌上方，光带控制的范围与点光源投射的区域，都是可以限定空间的。

PLUTO BAR / 三厘社

ROOT INN 餐吧 华采天地店 / 图灵空间设计

Ambr Ciel 珀 · 法餐厅 / 杭州慢珊瑚设计

Grotta Palazzese 意大利岩洞餐厅 1

Grotta Palazzese 意大利岩洞餐厅 2

2. 表现材料的质感及色彩

可以通过光的投射角度及强度的调节，强化空间界面的质感及肌理的表现，从而充分展现材料的质感美。例如，将人工光照射在具有反射性能的材料上（如不锈钢），该材料的反光与人工光交相辉映，可使室内气氛光彩夺目。

3. 装饰空间

人工光是由人控制的，通过一些布光的方式，能够形成光图案、光画、光栅，产生一种特殊的美感，起到特殊的装饰效果。可以说，光是一种特殊的装饰元素。将光与其他材质搭配起来，能产生美妙且绚丽多彩的效果，例如在一些使用了镂空手法的装饰图案和装饰纹样的背面打上强光，在光的衬托之下，镂空图案和装饰纹样更为突出，极具装饰性。灯具本身也具有很强的装饰性，往往是室内环境的精美点缀。

4. 烘托环境气氛，营造氛围

烘托环境气氛，营造氛围是人工光环境最有魅力的地方，也是人工光环境的最大特色。

人工光有多种颜色，自然也有冷、暖之分。暖色调的光能营造温暖、热烈、欢快的气氛，而冷色调的光会带来安静、凉爽、深远、神秘之感。在餐饮空间设计中，要营造特别的情调和氛围，一般会选用色光，例如用蓝色光来烘托酒吧氛围，让人感觉置身于深邃的夜空或幽暗的海洋，给人一种神秘感；咖啡厅墙上的光束和光晕与落在地板上的红色光使整个空间充满神秘感。由于色光不同，即使是同一室内环境，也会产生截然不同的效果。

【酒窝餐厅的高照度环境氛围】

酒窝餐厅 / Red Design

3.4.3　光环境的明暗

不同的餐饮空间，其光环境的明暗应该不同。在这里我们不讨论该用多少照度，因为所追求的效果不同，照度会有很大差别，我们只是在人对光环境的感觉上讨论明暗问题。

光环境的明暗也能直接影响室内气氛。明亮的光环境使人感到兴奋、快乐，幽暗的光环境让人安静、平和，在这种光环境下会让人感觉有一种脱离尘嚣的宁静，使人不由自主地低声言语。应根据不同的餐饮空间设置不同的明暗变化，以营造适宜的气氛。将光照明亮的光环境用于宴会厅，可以营造出热烈欢快的气氛；将光照充足的光环境用于快餐厅，气氛轻松、活泼而又温暖。有的餐饮空间人工光环境的照度就不能太大，因为一旦光照如昼，所有的一切都将变得清晰可见，会让人觉得缺乏私密感，产生受人瞩目的感觉。尤其是酒吧，一般会采用光线幽暗的色光，气氛静谧温馨而充满私密感，顾客就比较愿意长时间逗留，娓娓而叙。

一般来说，控制餐饮空间中光的明暗，可采用环境照明与局部照明相结合的方式——用环境照明营造整体的氛围，用局部照明突出某些重点部位，如照射到陈设的艺术品或是精美的装饰物上，将人的视线聚集到重点部位。还可以使环境照明变暗，使局部照明照亮餐桌及周围环境，方便顾客点餐、进餐，利用光照形成一个只属于该桌顾客的空间区域。

单元训练和作业

1. 课题内容：教师通过课堂讲授，带领学生认识餐厅设计中空间设计的相关要素。
2. 课题时间：4 学时。
3. 教学方式：教师通过讲授餐厅设计要素，引导学生思考营造空间氛围的几大要素。
4. 要点提示：侧重分析餐厅设计在空间布局、界面、光环境、色彩及材质等方面的设计案例。
5. 课题作业：手绘餐厅平面图、构思创意草图。

第 4 章
餐厅空间设计节点

本章教学要求与目标

教学要求：认识与掌握餐厅空间设计节点的相关知识。

教学目标：了解餐厅入口、卫生间、收银台、后厨等空间的设计要点，掌握餐厅设计中的设施与陈设细节等方面的知识。

本章教学框架

餐厅空间设计节点

- 餐厅入口空间设计
- 餐厅卫生间设计
- 餐厅收银台、后厨设计
- 餐厅家具与陈设设计

4.1 餐厅入口空间设计

4.1.1 入口空间及其作用

餐厅入口空间是餐厅的重要组成部分。它的作用是招揽顾客与引导人流，所以要有较强的引导性和辨识性。

餐厅入口空间可以分为三部分，分别为入口的门、入口门前的空间及入口内靠近门的部分空间（门厅部分）。在设计这三部分内容时，应分别考虑以下问题。

1. 入口的门

在设计时，应注意门的造型和开门的方式，还有门的材料、装饰、方位和透明度等；应根据道路和交通情况来设置门的位置，同时要考虑它的朝向问题。例如，在北方，门应尽可能设置为东向或南向，如果门在北向或西向，应设防风门斗。

【惠州顶峰 · 香港茶餐厅入口设计】

惠州顶峰 · 香港茶餐厅 / 艺鼎设计

2. 入口门前的空间

在设计时，应考虑宣传物的摆放位置，如食品展示窗、广告灯箱、食谱牌等；还应综合考虑设施设置及交通路线，如外卖窗口、台阶、花池、铺地、绿化等。

3. 入口内靠近门的部分空间（门厅部分）

这处空间可设置报刊架、食谱架、服务台或经理台、等候座位、绿化装饰物、小型柜台、收款台、音响调控室、电话台、存包柜，以及楼梯、电梯等。可根据餐厅的规模大小和经营内容考虑上述各项设施的设置。因为入口空间不宜很大，所以需要有效地布置和划分好空间，才能把多种功能组织起来。可采用小中见大的手法对入口空间进行分隔，如用隔板或家具、装饰物等分隔，会达到丰富有趣的效果。

喜舍隐市酒店 / 昆明思成工程设计

4.1.2　入口空间的设计手法

餐厅入口空间应根据多种因素进行综合设计，如餐厅的等级、功能、服务对象、就餐人数，以及地理位置、周边环境。

如果餐厅等级较高，就餐人数较多，餐厅入口空间面积可相应增大，如增设等候座位，设置经理台、小型柜台、电话台等。餐厅入口空间的大小、设施可根据不同功能、不同特点设计。如海鲜餐厅在入口处通常会设置鱼缸，中式餐厅则设置屏风，日式餐厅会有一个“立关”。

餐厅入口空间的形式应考虑不同类型的顾客，如顾客主要为工薪阶层的餐厅，入口空间应注重实用性和功能性；如餐厅面向青年人开设，入口空间应有个性和奇特之处，以迎合青年人的喜好。

另外，南方、北方天气不同，入口空间的设计会有很大差别。南方餐厅入口的门厅空间多为开敞式，形成流动空间，而北方餐厅入口设有较封闭的防风门斗或门厅来抵挡风沙。在较冷的地区，防风门斗中仍然很冷，它的作用仅限抵挡风沙和减少冷空气进入，因其空间较小，还不能扩大，所以不能代替门厅的功能。

入口一般会根据餐厅面对的街道的情况来设置。为了方便接待来自不同方向的顾客，入口应面向繁华、人流量大的街道，如果两面或三面临街，可增设转角式入口。内部工作人员的入口应尽可能与顾客的入口分开且远离。

【喜舍隐市酒店入口布置】

喜舍隐市酒店／昆明思成工程设计

Five Palm Jumeirah / Yabu Pushelberg

餐厅入口空间的具体设计手法可以分为以下几种。

1．把餐厅入口空间作为交通枢纽

餐厅入口空间有引导人流、分散人流、组织人流等作用。如餐厅为二或三层楼时，为了让来店的顾客能快速且方便地分散到各个楼层中，并且不必进入店的深处再找楼梯，应在入口处设置楼梯、电梯，以避免因一层人流过多而影响就餐的气氛。再如一些较大的餐厅，把入口空间分成几个就餐区，组织成放射性的交通路线，从而达到顾客能直接进入各个就餐区的效果。当餐厅进深很大且两面临街时，则可以设置两个出入口。餐厅设在公共建筑内时，应对内、外部来的顾客分别设置入口，另外，为了人流、货流的顺畅，通道的设置应减少交叉、绕行。

2．把餐厅入口空间作为视觉重点

为了达到吸引顾客的目的，餐厅入口空间需要设计得醒目一些。设计师除了可以把入口设计得宽大、显眼，更重要的是加强它的辨识度。例如，设计宫廷式餐厅，采用红色的大门、白色的石狮子，这就能表现入口的个性；若是酒吧，可用大面积实墙衬托一个小巧的门来吸引顾客的视线。

利用地面或天花板的变化能引导顾客进入餐厅，例如可以用色彩对比手法，还可以用明暗对比、虚实对比、材料对比等手法来突出入口。但应注意对比的面积和比例，为了有效地突出表现的对象，被衬托部分的面积和占比应小，且形成点状的效果。

【喜舍隐市酒店入口视觉设计】

小提示 >>>

许多设计师把入口空间作为展示自身创意的重点，除了在造型和材料上下功夫，也会引入艺术装置、数字媒体等设备进行展示，作为餐厅设计的特色之一。

3. 把餐厅入口空间作为酝酿情绪的过渡空间
一些特色餐饮店为了给顾客留下深刻的印象并且让他们很自然地融入店内的氛围，往往会精心设计餐厅入口空间，把它当作酝酿情绪的过渡空间。设计餐厅入口空间的方法有很多，可以使入口与主餐厅形成对比空间，如把入口设计得低矮，突出餐厅的高大，或把入口设计得黑暗，突出餐厅的明亮，通过对比使顾客产生高昂兴奋的情绪，从而以良好的心情进入就餐空间。还可以通过曲径通幽、曲折迂回等形式，层层引导、循序渐进，从而营造气氛，把入口空间作为主空间的开端和引子，让顾客进店后可以在此空间中调整情绪，并且增加期待感。

以上方法的共同特点是打破了平淡无奇、开门见山的进店方式，让顾客通过精心设计的餐厅入口空间，在短暂的时间内酝酿和调整情绪，从而尽早地进入就餐状态，并且对餐厅留下深刻的印象。

4. 把餐厅入口空间作为缓冲、停留空间
一些规模较大或者客流量大的餐厅，会把餐厅入口空间适当扩大，将其作为缓冲、停留空间，并设置一些必要的设施，如休息座、服务前台等。

例如，在就餐高峰期间，当餐厅内座位太满时，为了不影响内部就餐气氛，应把新到的顾客留在门厅内，让其先浏览一下菜谱或报

东鸦 EAST' YA / HOOOLDESIGN 事务所

深圳喜茶 LAB 旗舰店 / TOMO 东木筑造

House of Eden / Party / Space / Design

刊等，稍事等候。另外，如果几位朋友相约但人未到齐时，可以在门厅内等待聚齐后再进入餐厅内，就餐后朋友分手前寒暄告别或等车时，也可以在门厅内稍作停留。

总而言之，设置等候门厅可以使动静两个空间有所分隔，避免顾客在进出时喧哗，使就餐区确保安静。此外，还能让顾客在门厅内聚散、等候，这不仅尊重了在餐厅内就餐的顾客，还能给等候的顾客一个自由的活动空间。

5. 把餐厅入口空间的功能扩大化

餐厅入口空间的功能可以随着餐厅经营内容的多样化而扩大。也就是说，餐厅入口空间可以从一个简单的过渡空间发展为具有一些附加功能的空间。例如，以某个 IP 为主题的酒吧或咖啡厅，为增加情趣和特色，通常在入口处设柜台来售卖一些周边产品。有些连接多家餐饮店的大型门厅，可以请乐队演出、举办小型画展、组织售卖产品等。功能扩大化的入口空间不仅可以吸引顾客，还可以带来直接的经济效益。

4.2　餐厅卫生间设计

很多现代餐厅都十分重视卫生间的设计。卫生间是餐饮空间中的关键部分，甚至是划分一个餐厅等级的重要依据，它与餐厅的口碑和档次有重要的联系。在我国，卫生间设计的重要性还未被普遍意识到，有些餐厅甚至没有卫生间或者顾客与工作人员共用卫生间，还有些餐厅需要穿过备餐区域才能进入卫生间，这些卫生间设计都是不合理且不卫生的。设计师及经营者应改变这些不合理的设计。

4.2.1　卫生间的平面布局

餐饮店中的卫生间虽然面积不大，似乎并无复杂之处，但在设计时要把它设置在适当位置上，在有限的空间内把洁具摆放妥帖也并非易事。一般情况下，餐饮空间不论规模大小都应该设置卫生间，但是大型商场或综合写字楼中的餐饮空间，如果所在楼层距离不远处有公用卫生间，也可以不单独设置卫生间。

Red Manera-Skybar / T Sakhi

餐饮空间中卫生间的位置有着特殊要求，卫生间的门不能正对着就餐区域和厨房区域，并需要通畅的通道与之连通，引导顾客快速找到卫生间。卫生间的位置不可与备餐出入口太近，防止与主要的服务通道交叉造成不便。在总体布局上，卫生间应设置在边角位置或其他隐蔽位置。大型餐饮空间要考虑顾客到卫生间的距离和路线，两层或多层餐饮空间可考虑逐层设置卫生间。另外，出于卫生方面的考虑，顾客卫生间与工作人员卫生间一定要区分开。

在面积充足的情况下，卫生间应男女分设，因为男士和女士使用的卫生间，其形式和要求不同，人们在使用异性刚用过的卫生间时心理上会产生抵触感。男、女卫生间的门在设计时应距离远一点，防止尴尬。

4.2.2 卫生间洁具的配置

据相关规定，餐饮空间中若男士少于 400 人，卫生间的大便器每 100 人配一个；超过 400 人，每增加 250 人增设 1 个。若女士少于 200 人，大便器每 50 人配一个；超过 200 人，每增加 250 人增设 1 个。男士小便器每 50 人 1 个。对洗手间中洗手盆数量的规定：男卫生间每个大便器配 1 个，每 5 个小便器增设 1 个；女卫生间每个大便器配 1 个。在餐饮空间中，因为洗手盆使用频率要比便器高，所以洗手盆单独设置在卫生间的外边更好，顾客餐前、餐后洗手也更方便。洗手盆前要给顾客通行留够空间，不要与卫生间的出入口距离过近，防止在出入口处造成拥挤。

餐饮空间中的卫生清理非常重要，一定要设置单独的清洁池。以往有些餐厅在卫生间中设置清洁池，这样上厕所的顾客与工作的清洁人员挤在一起会造成卫生间功能混乱。所以，清洁池最好与卫生间分开设置，使清洁工作可随时进行。清洁需要用到许多工具，在清洁池附近随意堆放工具既不卫生也不雅观，应该使用隔断进行遮挡或设置单独的储物仓库。当前，这些设计细节在有些餐厅还未受到重视。一些卫生间虽然装饰材料高级，但拖把、抹布等杂物却暴露在外，与装修等级不匹配。

4.2.3 卫生间的装修

卫生间是否高级主要呈现在装修水平上。首先，卫生间的装修等级应与餐饮店的装修等级匹配；其次，卫生间的设计风格应和餐饮店风格保持延续与统一，如餐饮店是欧式的，卫生间风格也应与之保持一致。

在卫生间装修设计中，洗面台和镜子部分是设计师最容易发挥的部分。比如洗面台的造型、五金装饰以及镜子的造型等都可进行多样化的设计，不同的选材与搭配会呈现出不同的效果与风格。洗手池上加设台面是现代设计常用的形式，这样便于放置清洁用品。台面一般采用石材，进深在 500～600mm。

卫生间在铺设墙、地面时可采用石材、瓷砖等。

卫生间的照明应以实用为主，不必过多地装饰，洗手池上方通常采用条形灯箱，顶棚则多采用筒灯，均匀分布在厕位和前室部分。

BIBO 餐厅的卫生间

4.2.4 卫生间设计注意事项

卫生间必须设计前室，通过墙或隔断阻隔外面人的视线。在设计卫生间时，为防止外面的人通过镜子折射看到里面，在设置镜子时需注意折射角度与卫生间里外的关系。餐饮空间的卫生间因为使用者不固定，所以共用性强，卫生清洁非常重要。一般餐饮空间采用蹲便器。有的餐饮空间采用坐便器，一定要配备一次性坐便垫纸等卫生用品。设计时，考虑到蹲便器造型，卫生间地面需要提升 15cm 左右，要注意高差问题。

卫生间的通风非常重要，设置明窗是最理想的方法，但由于餐饮建筑中可能存在很多条件限制，所以很多卫生间多设置吊顶，掩藏通风设备、照明设备及排水管道等，采用机械通风的方式。

卫生间必须设置地漏，另外，墙、地面、洗手台等都要采用防水材料。为提高工作效率和清洁效果，最好采用整体冲刷的方法。

4.3 餐厅收银台、后厨设计

4.3.1 收银台设计

餐厅收银台设计的首要原则是便于顾客结账，让顾客可以快速地买单离开。因此，收银台应具备较大的通道空间，避免高峰期结账拥挤。一般餐厅的收银台要安排一两名员工，分别负责顾客买单、开票等事宜。餐厅收银台设施的尺寸是没有通用标准的，可根据实际情况设计，通用的椅子高度是450mm，桌子高度是750mm，上下一般不超过50mm。如果吧台高度是900～1200mm，那么椅子的高度就应该为650～800mm（离地面的高度）。

【谷语餐厅收银台设计】

谷语餐厅 / 黑珍珠空间设计事务所

收银台台面材料的种类很多，下面介绍常见的几种。

(1) 人造石台面。人造石台面由石粉加入人造纤维经高温高压制成，其主要特点是绚丽多彩，表面无毛细孔，具有极强的耐污、耐酸、耐腐蚀、耐磨损性能，且易清洁。人造石还兼具陶瓷般的光泽、天然大理石的细腻、花岗石的坚硬，极具可塑性，可以制成多种造型，且接缝紧密、线条浑圆流畅。

(2) 不锈钢台面。不锈钢台面的优点很多，耐用且容易清洗。用于装饰上的不锈钢主要是板材。不锈钢板是借助其表面特性来达到装饰目的的，如表面的平滑性和光泽性等。可对其表面进行着色处理，这样既保持了不锈钢原有的优异的耐腐蚀性能，又进一步增强了它的装饰效果。

(3) 防火板台面。防火板台面的基材为密度板，饰面为防火板，厚度一般为 4mm。其色彩鲜艳多样，还具有防火、防潮、耐污、耐酸碱、耐高温、易清理等优点。内部基质的好坏影响防火板台面的使用寿命。

(4) 天然大理石台面。天然大理石美观、易清洗，但脆性大，不能制作幅面宽度超过 1m 的台面。因为用天然大理石制成的台面有接缝，这些接缝容易藏污纳垢，影响卫生。

4.3.2 后厨设计

后厨设计应注意以下问题。

(1) 后厨离主餐厅越近越好，并且距离原料供应点越近越好。

(2) 厨房中的废弃物（如油烟、废水、垃圾等）不得对餐厅其他空间，特别是前厅造成污染或其他有害影响。

(3) 厨房总面积与餐厅总面积的比例以 1：2～2：3 较为合理。厨房面积过小，将造成拥挤，缺少足够的物资储存场所和生产场地；厨房面积过大，既拉长了生产作业线和运输作业线，也占用了宝贵的营业场地。

(4) 厨房地面应用不吸潮且防滑的瓷地砖铺设。地面要略呈龟背状，以便冲刷和干燥。龟背两侧特别是靠炉灶一侧应设排水沟，排水沟上要盖不锈钢水沟盖板，以便冲刷清洗和处理废料垃圾。

(5) 用不吸潮的白色瓷砖贴墙。从地平线起，贴至天花板，以便清洗油烟和污物。

(6) 在厨房烹饪时产生大量的油烟、水蒸气等，因此，排烟通风功能一定要好。在炉灶上方应安装排气扇、排烟罩或抽油烟机、送风管等设备。这些设备上的油脂污物必须定期清理，以防火灾等事件发生。

(7) 为了通风而开启的窗户必须装上纱窗，防止蚊虫的飞入。

(8) 由于厨房环境潮湿，又有腐蚀性物品，工作台面应用不吸水、结实耐用、容易清洗的材料制成，如不锈钢材料。

Piruetto 餐厅后厨

(9) 切菜板可用硬质塑料或压缩橡胶，并以生、熟、荤、素区分使用。

(10) 电源闸刀或插座应安装在离地面 1.5m 左右的地方。在清洗墙面时可用胶带或防水布封住，以防渗水漏电。

(11) 大型餐厅储存肉类食品的冻库应自成系统，与其他房间隔绝。

(12) 厨房一定要设干货仓和冷藏柜，冷藏柜储存近期使用的食品，温度一般控制在 1～5℃。要将生熟食品分开存放，并定期除霜，用温水洗刷冷藏柜。厨房内除加工区域设置足够数量的洗涤池，必须在生产作业线上设置多个专门的洗涤池。

4.4 餐厅家具与陈设设计

家具与餐饮空间室内环境设计有着密切关系，是餐饮空间室内环境的重要组成部分。餐饮空间中家具的占地面积比一般居室、办公室等空间的占地面积大得多，因此，在一定程度上餐饮空间的氛围和风格受家具的造型、色彩和材质等影响。餐饮空间的家具主要包括餐桌、餐椅、餐柜、餐台及放置装饰品的家具。厨房部分主要包括清洗台、切配台、食品柜等，此外还有酒柜、吧台等。家具与餐饮空间内部环境的界面，包括陈设品等共同作用，相得益彰，构成餐饮空间室内的整体环境。在餐饮空间的具体设计中，考虑怎样合理布置家具来满足人们的使用要求非常重要，要从整体环境和氛围出发，选择家具的造型与风格。

【Chefs Club by Food & Wine 精品餐厅中的家具】

Chefs Club by Food & Wine / Rockwell Group

家具的功能具有双重性，它既有物质功能，又有精神功能。物质功能表现在满足人们就餐等活动要求，还能分隔空间和组织空间。比如大型餐饮空间通常利用家具的合理布局划分出不同的就餐区域，同时通过家具的布局来组织人们的行动路线。再如，有些火车座式的餐座，本身就能围合出相对独立的空间，以构成相对安静的环境。家具的精神功能在餐饮空间设计中也有体现。由于家具在餐厅空间中占的面积较大，顾客用餐时，家具通常成为最直接的视觉感受物，是人们感受环境氛围的重要部分。设计精美、具有艺术观赏性的家具能营造特定的环境氛围，影响顾客的就餐心理。

在餐厅设计中，无论是设计家具还是选配家具，首要考虑的是餐厅的整体环境。家具作为餐厅的重要组成部分，应与餐厅整体风格

Keeree Tara 餐厅 / IDIN Architects

协调，与空间环境相匹配；否则，不论多么精美、多么有特色的家具都会影响风格的统一。同时，要充分考虑人的使用要求，即人们在使用时应感到方便、舒适，还要利于摆放组合和便于清洁等。此外，家具还能为就餐环境营造艺术美感，使人赏心悦目，心情愉悦。

4.4.1 餐厅家具设计

1．家具与人体工程学

科学地设计家具的第一依据是人体工程学。特别是椅子的设计，应引起设计者的充分重视。设计者通过研究使用者的坐姿与椅子支撑构件之间的关系、大腿和臀部的自然曲线与座面的关系、人体背部的着力部位与靠背

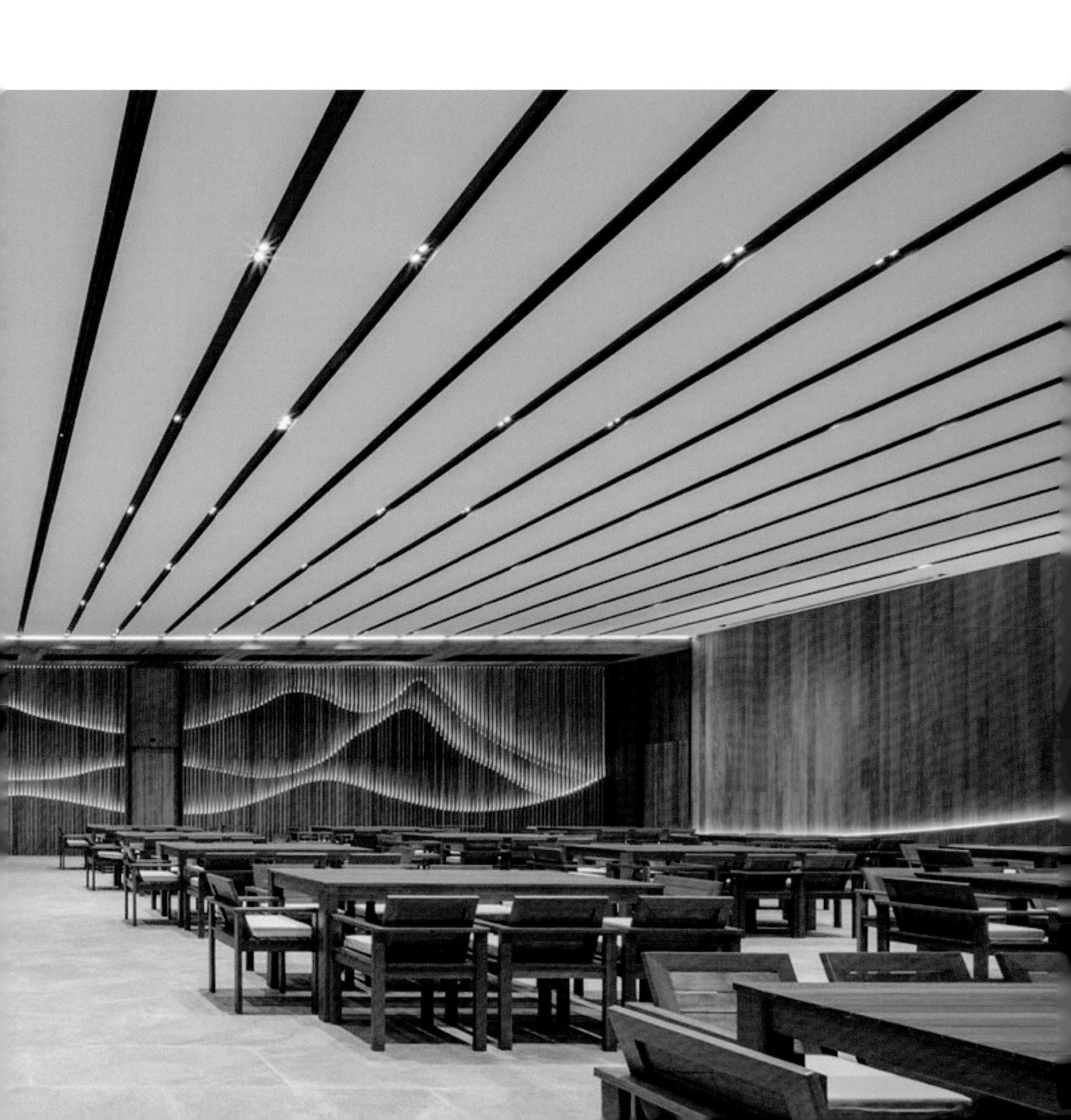

La Bottega 餐厅 / 罕创设计事务所

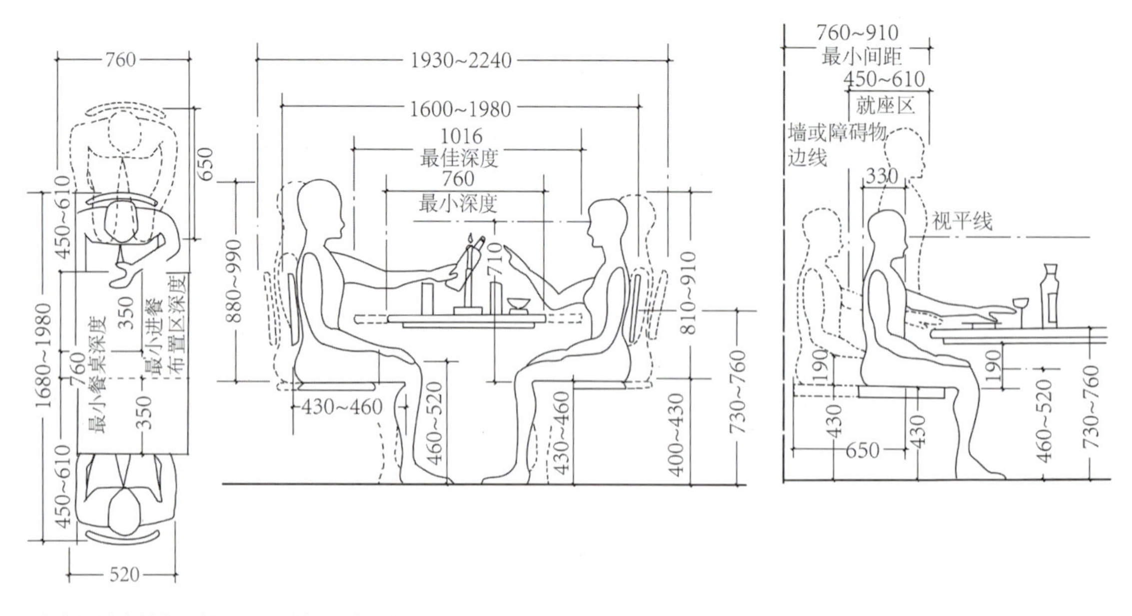

《室内设计资料集》插图——就餐区域人体尺度 / 单位: mm

支撑结构的关系，让顾客坐起来更舒适、放松。通过研究人体工程学，椅子宽度、高度，桌子高度、宽度，以及椅子与桌子之间的相对高差都有了比较准确的尺寸。

2. 家具的造型设计

家具的造型设计要综合运用点、线、面、体、色彩、质感等造型要素。根据形态，家具可分为线型家具、面组合家具、体块家具。线型家具以直线或曲线造型为主，一般呈现出灵巧、通透的状态，适合快餐类餐厅使用。面组合家具以多种面组合为主要造型，具有观赏性，形式多变，适合多种类型的餐厅。体块家具以体块结合为主，如沙发，比较沉稳、舒适，适合咖啡厅、酒吧、会所等场所。

色彩是家具造型的基本要素之一，较好地运用色彩，在家具设计中可以营造出赏心悦目的艺术效果。家具的色彩对整个餐饮空间环境设计也能起决定性的作用，好的家具色彩设计可以使空间增添光彩；反之，则会对空间效果产生破坏。

【Peak 餐厅家具设计】

Peak 餐厅／Rockwell Group

Cortina 餐厅 / Heliotrope Architects

对不同材料、质感的不同处理，也是家具设计的关键之一。通常家具材料的质感可以从两方面考虑：一是材料本身的天然质感，二是对材料表面进行工艺加工后所呈现的质感。木、竹、藤、柳条、塑料、金属和玻璃等，由于质地不同，呈现出的质感完全不同。木制家具会给人亲切温暖的感觉，其天然纹理又呈现出一种自然之美；金属加工后，可以体现出工业之美；而竹、藤、柳条等家具可以产生一种醇厚质朴之美。在家具设计中，还可以采用多种材料相互结合的方法，以营造不同质感的对比感。

3. 家具的风格
餐桌、餐椅作为单体家具，应造型典雅、美观大方，体现时代性和民族性。家具设计和制作在中国都有悠久的历史。中国的家具虽然历经了不同年代的风格变迁，但始终保持精致简练的构造特征，其特点明显表现在注重构造的简约的硬木家具上。中国日用家具装饰严谨，不仅彰显硬朗的造型，还兼顾实用性，散发着简洁的刚中有柔的艺术魅力。

在当代餐厅的家具设计中，提取传统的精神、借鉴传统的形式，不失为一种设计的好方法。此外，可以借鉴欧美国家传统的家具设计和现代派的家具设计方法，洋为中用，为不同地域风格的餐厅增添色彩。比如有些大型餐饮空间，其内部设计不同国家、不同地域装饰风格的特色包间。其之所以有特色，与室内各界面的精心设计及具有强烈地方特色和民族传统风格的家具是分不开的。

4.4.2 餐厅陈设设计

1. 陈设品的作用与选取原则
餐厅内部陈设品除了具有良好的观赏效果，还能强化室内环境的风格及烘托某种特定的氛围。例如，将国画或书法作品挂在餐厅墙上，大大加强了空间的传统风格；在具有自然田园风格的餐厅中加入观赏植物，不仅能绿化环境，还能让人赏心悦目，营造自然情调和浪漫诗意。

餐厅室内陈设品的范围极其广泛，一般可分为装饰性陈设品和功能性陈设品。如书法、绘画、雕刻、陶瓷、玉器、观赏植物等属于装饰性陈设品，通常都具有浓郁的艺术情调和装饰效果。功能性陈设品包括餐具、桌布、餐巾、花瓶、窗帘、灯具等，它们在满足功能的情况下，强调造型和色彩，兼有观赏性。

陈设品的设计与选取，应注意以下原则。

(1) 主题明确，应与餐厅风格相匹配，与餐厅整体构思立意相呼应，尤其是字画和工艺品类的陈设品。

(2) 应注意与墙面、台面及各类室内构件的组合和搭配，做到刚柔结合、虚中有实，与室内环境相互呼应。

(3) 注重陈设品的造型和色彩，使其与室内色彩协调，成为室内的点缀。

(4) 注重多种陈设品的摆放和相互之间的关系，做到主次分明。

2. 陈设的手法
(1) 运用“实体”设计增强感染力。
理想的餐厅室内空间环境可以靠“实体”的设计加以实现，以折射出某种可以反映人们心灵世界的情感。室内陈设作为“实体”不可或缺的一部分，其作用是举足轻重的。界面设计有时容易陷入公式化、概念化，而陈设设计有很大的弹性，且内容丰富广泛，极具特色。如设计实用的装饰物、图案、文字艺术品和纪念品等引导人们去联想，使人们设身处地去体会，增强室内环境的感染力。

喜茶天津大悦城 DP 店“云游” / 梅兰工作室

党的二十大报告提出，推进文化自信自强，铸就社会主义文化新辉煌。这一精神立足新时代，扎根新实践，回应新课题，内容丰富，意蕴深邃。中国传统文化在具有中国传统风格的餐厅设计中最为常见。例如，使用丰富多彩、朴实高雅的图腾形象来体现人们对美好、富庶、吉祥的向往与追求。表达情感一般用象形、会意、谐音等手法，比如百合、鸳鸯代表百年好合；“福”字和“寿”字代表福寿双全；龙、凤象征龙凤呈祥；鸾凤代表鸾凤和鸣；芙蓉、牡丹代表雍容华贵；松、竹、梅代表岁寒三友；梅、兰、竹、菊代表四君子等。陈设品的摆设可以创造出一种含蓄而优雅的意境。

(2) 以装饰陈设品作为餐厅的主题。

餐饮文化随着人们生活品位与格调的提高而备受关注，用装饰陈设来强化主题，营造氛围的方法甚是多见。餐厅不仅为顾客提供美食，还在空间的整体环境上给顾客以视觉、听觉

【喜茶天津大悦城 DP 店“云游”的陈设应用手法】

点卯小院儿 / 无序建筑

等感觉上的愉悦享受。一般的设计方法是使餐饮的种类与装饰的风格相互配合，比如西餐厅设计为欧美风格，日式料理设计为和风。有时可以以装饰陈设品作为餐厅的主题，关键在于主题的选择与设计手法的巧妙运用。比如用汽车摆设来点明餐厅的主题，餐厅平面布局和界面设计都可以与汽车有关的造型和内容相呼应，使主题明确。通过陈设品的装饰来点明餐厅的主题，营造特殊的气氛，往往会取得意想不到的效果。

案例分析 >>>

“平民主义者”精酿啤酒厂主题的选择反映了独特的设计概念，即抗争精神。受 20 世纪美国禁酒令时期的启发，设计团队将具有主题性的装饰陈设品放置在酒厂内部，体现一种融入啤酒消费的、切实而引人瞩目的审美风格。

“平民主义者”精酿啤酒厂 / Lagranja Design For Companies And Friends

单元训练和作业

1. 课题内容：学习餐厅空间设计节点的知识，包括入口空间设计、卫生间设计、收银台与后厨设计、家具与陈设设计。

2. 课题时间：10 学时。

3. 教学方式：教师通过课堂讲授，使学生认识并学习餐厅设计中的节点设计。

4. 要点提示：通过 PPT 文稿演示与视频资料播放，引导学生在具体设计环节中注重节点设计表现。

5. 课题作业：

（1）收集餐厅入口空间、卫生间、收银台与后厨、家具与陈设设计资料。

（2）设计 5 幅餐厅常用家具的线稿。

第 5 章
餐厅设计风格

本章教学要求与目标

教学要求：教师带领学生了解和掌握国内外餐厅的设计风格和设计手法。

教学目标：提升学生审美意识和设计能力。

本章教学框架

餐厅设计风格
- 餐厅设计类型
- 餐厅设计主题
- 不同类型餐厅的设计

5.1 餐厅设计类型

5.1.1 餐厅的分类

餐厅按照经营的内容可分为两种类型：餐馆和饮食店。餐馆——接待就餐者进行零散用餐活动或用于宴请宾客的营业性餐厅，包括饭庄、饭馆、酒家、酒楼、旅游餐厅、快餐厅、风味餐厅、酒店餐厅及自助餐厅等。餐馆以经营正餐为主，可同时经营小吃、冷热饮、快餐等。供应方式大多数为餐厅的服务员直接送餐到客人的座位，也有客人自助选餐的方式。

饮食店——设有客座的冷、热饮食店，包括酒馆、酒吧、咖啡厅、茶馆、茶厅及各类风味小吃店（如馄饨店、粥店）等。与餐馆不同的是，饮食店通常不经营正餐，多以外卖、点心、小吃及饮品等为主要经营内容；供应方式主要有服务员送餐到位和自助选餐两种方式。

【悠航鲜啤（麦子店）室内】

Peak 餐厅 / Rockwell Group

悠航鲜啤（麦子店）/ ATLAS

EUEU 餐饮店 / 索拉设计

5.1.2 餐厅的风格特色

如果餐厅整体风格是按照某种特定的地域、时代的风格或流派来构思和设计的，将使餐厅的整体形象更加突出，更具有明确的个性特征，使顾客对此餐厅的印象更加深刻。

放眼古今中外，建筑风格流派众多，中外餐饮建筑设计的风格也很丰富。单是中国传统建筑风格的餐厅就可分为明清宫廷式（如“仿膳餐厅”）、苏州园林式、唐风，以及各种地方风格的餐厅。西方传统风格的餐厅则可分为巴洛克式、洛可可式、古罗马式、哥特式、文艺复兴式、欧洲新古典式餐厅等。除此之外，还有日本和风、伊斯兰风格及其他民族地区的风格。除了传统风格，餐饮建筑的设计也可以按照现代风格进行设计。现代风格

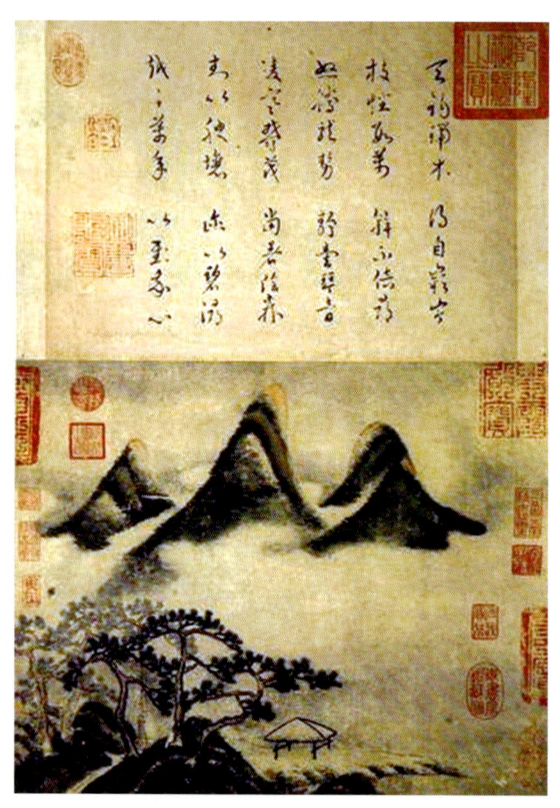

《春山瑞松图》局部／北宋米芾

喜茶 dp3 店“山外山”／A.A.N. 建筑设计事务所
此店设计风格的灵感来源于北宋米芾的《春山瑞松图》。

流派也很多，如解构主义、后现代主义、光洁派、高技派等。

目前，国内许多的餐饮建筑并无专业意义上所谓的“风格”一说，更没有明显的风格倾向。现在市面上大多数餐饮建筑只是高档装修材料的简单堆砌，在形式上有很多雷同的地方。如果设计师可以抓住某种风格流派的特征来进行设计，并将这种设计做得地道、做得扎实，从室外到室内空间，装修、陈设、家具都能连贯起来，形成一个整体，统一地展现出这一风格流派，便可以使该餐饮建筑具有明显的个性特征和某种特定的文化、地域、民族的氛围，也会更加令人耳目一新。当然，所谓做得地道、扎实，并非原封不动地照搬原有风格中的元素，尤其是古典风格，往往要对其元素进行简化、提炼，或者将所有元素进行重新组合、归纳等，运用现代的材料，使餐厅既具有古典韵味，又具有现代感。应该这样说，采用何种风格流派应与餐厅的经营类型相符合，经营类型与就餐环境的设计风格统一，方能相得益彰。

例如，和风餐厅应是经营日本料理的餐饮空间，伊斯兰风格的餐厅应经营清真风味的餐食。如若餐饮建筑形式、风格与餐厅的经营类型大相径庭，环境氛围与餐厅定位不相匹配，将是一个失败的餐厅设计案例。就好比如果餐厅是中国传统风格的装修，但经营类型为西餐，肯定让人感到此餐厅的西餐不正宗。

1. 中式餐厅

中式餐厅采用中式风格是理所应当的，如果餐厅的中式元素没有经过精心设计，空间往往显得杂乱无章，粗糙而没有生气。有的中式餐厅成功运用了中式风格。

【点卯小院儿室内设计】

如上海陆家嘴的黔香阁，就以环境清雅而闻名遐迩，餐厅的整体设计层次分明；曲折、错落有致的回廊将室内空间划分为几块不同的空间；吊顶上的传统宫灯设置在木椽之内，造型简约不繁杂，把现代感巧妙地融入古典风格之中，使餐饮空间的整体基调呈现古朴、素雅之感。再如上海东平路上的藏拢坊，是“别致”的代表，垂挂的羊皮南瓜灯、墙上的苏绣、窗前的竹帘，一切都散发着中国古代古朴的韵味。它在视觉上呈现出来的形式是符合当代审美的，甚至是超前的。而一些中式餐厅的设计通常都中规中矩，大部分是简单符号的应用。有的餐厅的中式元素设计得经典耐看，比如瑞吉红塔大酒店中的佳宁娜潮州菜餐厅，其天花吊顶就很有传统韵味，使用了中国传统的大梁构造，当然这只是在视觉观赏上效果更好，并不具有实际上的功能，但是这种传统元素给人很地道、很正宗的感觉。除此之外，还有新亚汤臣酒店里的东方食苑和兴国宾馆里的中式餐厅，大量采用中国传统的图案、雕花等装饰元素，使空间的整体设计在实用的前提下，达到最佳的中式审美效果。

中式餐饮空间的酒吧区域一向是设计师进行头脑风暴的高潮点：其一，酒吧区域可以吸引大批国外有猎奇心理的消费者；其二，这一区域也深受懂得享受生活的“泡吧人”的欢迎。乾门酒吧便是其中的杰出代表，它藏身于一座英式的建筑之中，它的设计理念是将古典元素用现代的眼光和思维编织进人们的生活中，让经典与流行相互融合又相互碰撞，并用古典的中式元素体现现代的新概念和新视觉。乾门的古意是深入人心的，石牌坊隔开了古今界限；西班牙画家的壁画、罩纱鸟笼里的灯光、虎虎生威的龙头拐，还有那仿同治年间制造的

点卯小院儿 / 无序建筑

乾门酒吧 / 方忆

大钟……俯首仰颈处都令人诧异。乾门酒吧给予人全新的审美体验，这是一种向东方世界寻求答案的结果，它真正包容了不同地域和民族的文化元素。当然，中式元素在其中占有相当大的比例。

中式风格元素的存在是不容忽视的，例如大量的传统中式古董家具被安置在餐厅的各个角落，有方凳、柜子等，显得十分明朗大气。虽然它们的功能性已经改变，但审美效果依然不输从前，更多了几分厚重感与年代感。

元古餐厅 / 无序建筑

岁寒三友餐厅 / Jingu Phoenix 空间规划机构

祁门红茶 / 来建筑设计工作室

茶楼一般都具有典型的中式风格，如今很多茶楼仍保留了明代或者清代的风格，飞檐斗拱、红柱青瓦，精雕细刻、古色古香，茶楼的内饰都很有个性。如老房子茶馆的主人热爱收藏古董，即使建筑本身并不是很有年代感，经过设计师的精心构筑，也营造出一种非常接近明清的风格。茶楼的二楼运用了穿透借景、虚实遮挡的中式传统园林建筑营造手法，使整个空间的氛围更加静谧和怀旧。茶室内不同桌椅、几案的木头质感也都全然不同，有明代的花梨木，也有清代的老红木、樟木等，与四壁的书画条幅、挂件陈设相映成趣、浑然一体，而且整体结构相当紧凑，古典韵味弥漫其中。

罗兰湖餐厅湖边茶空间／风合睦晨

旧金山 In Situ 餐厅 / Aidlin Darling Design

2. 西式餐厅

西餐真正意义上传入中国是在19世纪。20世纪中后期以来，在改革开放的推动下，中国的旅游事业蓬勃发展，旅游涉外饭店犹如雨后春笋般遍及全国各大主要城市和地区，同时带动了西式餐厅在中国的发展。而生活逐渐富裕起来的国人出于好奇心及对食物种类和品质的追求，开始频繁地走进西式餐厅，使西餐在中国餐饮行业中逐渐上升到一定地位。目前，小型的西式快餐厅、咖啡馆和大型的专业西餐厅都已经比较普遍。

【旧金山 In Situ 餐厅室内】

国家大剧院西餐厅 / 古鲁奇建筑设计

(1) 西式餐厅的设计特点。

豪华的西式餐厅多采用法式设计风格，其特点是整体装潢华丽，整个空间特别注意装饰陈设、音响设备、餐具的摆放及灯光氛围等。整个餐厅氛围宁静，具有极其强烈的贵族情调，由静态到动态、由外部到内部形成一种高雅的氛围。

(2) 西式餐厅的厨房设计。

西餐料理无论是欧式还是美式，烹调制作的方法均偏向于煎、炸、烤、煮。这些烹调方式与中餐相比，优点在于其在整个烹调过程中产生的油烟较少，因此厨房相对来说易于保持洁净。西式餐厅的厨房，尤其是一些小餐厅或快餐厅，有一些是开敞的，这种空间相互连通的形式使顾客在进餐的同时，可以欣赏厨师烹饪时展现出来的高超厨艺。顾客可以听见厨师操作时锅、碗、刀、叉发出的响声，闻到香味，因此这种形式很容易形成亲切热烈的家庭就餐气氛。开敞式的厨房还能使整个餐厅显得宽敞，对于一些小型餐馆来说非常实用。以这种形式加强厨师与顾客之间的交流是西式餐厅常用的空间处理手法。

Stiftskeller 餐厅

西餐烹饪因使用半成品较多，所以餐厅初加工的操作空间面积可以小一些，比中餐厨房的面积略小，一般占营业场所面积的 1/10 以上。

3. 日式餐厅

日式餐厅也可称为和风餐厅，是专门经营和食料理的日本风格的餐厅。

按日本餐饮业界的分类来看，和食料理店是指经营日本传统料理的一类饮食店。例如，河鱼料理店、鸡料理店、鳗鱼料理店、螃蟹料理店和乡村料理店等。对于开设在我国的日式餐厅来说，人们看重其风格特色。除了在烹饪方式上要采用日本的方式，餐厅的装饰风格和平面格局也要具有一定的日本特色。

日式餐厅通常分为备餐前台、客用餐厅、管理办公区、厨房等功能分区，其在环境氛围上追求的是一种安静、舒适、朴素的感觉，室内装修一般采用自然材料（如竹、石、木、草等）来营造一种亲近自然的感觉。日

翼会席 / 杭州观堂设计

式餐厅的空间挑高一般比较低矮，净高多为 2300～2700mm，门窗多为推拉式，空间与空间之间可分可合，有的地面铺榻榻米席。榻榻米席是和风建筑中特有的座席形式。榻榻米席是一种用草编织的有一定厚度的垫子，一块垫子叫作一帖，其标准尺寸是 900mm × 1800mm。

柜台席一般是沿条形的柜台或桌子一侧布置的座位，也有面对窗子和面对墙壁的。常见的柜台席有“L”形、折线形、直线形、曲线形和高低式等。柜台席一般与酒吧、开敞式厨房结合，常作为厨房与就餐空间的分界，这样就缩短了服务人员送餐的距离，使得服务人员与顾客之间的关系更加亲密融洽，尤其是对于独自前来就餐的顾客来说是很好的就餐位置。柜台席的面板在装修中很重要，日式餐厅多采用木质材料的面板，注重突出材料的自然形态及纹理。

日式餐厅的入口包括下列几个部分：前庭、玄关、食品样品展示箱及收银台。前庭常

傲鳗 · 日本料理餐厅

Hinokizaka 餐厅

Siegal House / Kaneji Domoto

常设计成日本古典庭院的形式。茶室中可运用石灯、水钵、庭石、花草、竹、白砂等。前庭的空间小且精巧，常与玄关搭配，营造曲径通幽、引人入胜的效果。

玄关部分通常设置自动开关门或推拉门，地面铺设大理石或岩石。

在日式餐厅的入口设置食品样品展示箱是比较常见的，展示箱中陈列该店主要的菜肴，展品一般都是塑料制品，形象逼真、色彩鲜艳，会在第一时间带给顾客很好的视觉效果。

日式餐厅的厨房设计与中式餐厅的厨房设计有一定的区别。由于日本料理中热炒较少，且日本人的主食以米饭为主，副食的初加工也比较简单，因此所需的厨房空间比较小。日本人在用餐习惯上一般是分餐制，每份饭菜在量上虽然不大，但盘碟的用量较大，是非常讲究菜肴与餐具的搭配的，因此用于存放食品、物品的空间比较大。另外，冷冻、冷藏库也占相当大的面积。

5.2　餐厅设计主题

主题餐厅是将某种主题赋予餐厅空间，向顾客提供饮食服务的餐饮空间。它最大的特点是围绕既定的主题来设计餐厅。餐厅的特色产品、服务、活动及色彩、装饰、造型都围绕主题展开，主题成为顾客识别与记忆餐厅特征和产生消费行为的刺激。

主题餐厅能够使人沉浸在主题营造的氛围之中，比如重温某次精彩经历、感受一种特别的体验等。在主题文化的设计上，借助特有的建筑设计和独特的内部装饰来强化主题是非常必要的。主题餐厅应该运用多种手段来凸显所想要表现的主题，建筑设计与内部装饰是设计的重点。要想挖掘主题文化的底蕴，就要做好主题设计，抓住设计重点。

5.2.1　寻古怀旧主题

寻古怀旧是现代餐厅设计常用的主题，这个主题一般要给顾客营造一个真实的、身临其境的特色感受，让人们在进餐时感受到自己似乎已经穿越时空，获得视觉、听觉和心灵触动，因此餐厅的环境设计就需要有很强的感染力。餐具、灯具、椅子、楼梯、地板甚至服务员的服饰等都需要特殊设计。

“竹里”餐饮空间 / 创盟国际建筑设计

5.2.2 民风民俗主题

由于我国民族众多，幅员辽阔，各地的饮食和民风民俗有很大差异。根据民风民俗进行主题设计的餐厅有很多，例如上海风情主题餐厅、西藏风情主题餐厅等。这种主题餐厅的受众群体大多为游客，餐厅地址也多在景区周围。此类餐厅需要将融入当地民风民俗的特色餐厅设计之中，让顾客感受到独特的氛围。

Parwana Afghan 餐厅

5.2.3 田园农舍主题

党的二十大报告提出："必须牢固树立和践行绿水青山就是金山银山的理念，站在人与自

啤酒花园 / Studio Lotus+Studio Wikhroli

然和谐共生的高度谋划发展。”田园农舍主题的餐厅可以在空间外观上进行植物装饰，大厅内设置静谧流淌的小溪，再营造出微风拂过的效果，给人一种幽静、清新、回归田园的感觉，仿佛在一瞬间来到了田野中的农舍，心情也会无比放松。在高楼林立又嘈杂的现代都市中，这类主题的餐厅能带给顾客独特的轻松感，很受顾客的欢迎，同时健康环保理念及有机饮食观念的盛行，也成为此类餐厅的核心竞争力和亮点。

5.2.4　传统文化主题

党的二十大报告提到，过去十年来，中华优秀传统文化得到创造性转化、创新性发展。对于传统文化在现代餐厅空间设计中的演绎，可以做全新、大胆的探讨，施以崭新的解读，摒弃传统文化中单调、陈旧、陈词滥调的设计手法，以抽象的造型和丰富的主题含义将美食与传统美学的交相呼应，对浓郁的传统特色进行整理归纳，再现传统风韵。

北京工体便宜坊精品中式餐厅

5.2.5 文艺风格主题

文艺风格主题餐厅的大厅多以木色为基调。深色的餐布配以原木的餐桌，是营造文艺风格主题的常见手法。为了避免餐厅显沉闷，设计师将现代的装饰材料协调搭配其中，如天然的石材与具现代感的金属材料、原木的雕刻与现代的水晶珠帘等搭配都可以达到良好的效果。

小提示 >>>

餐厅设计的主题广泛，因此在选择时需要设计师准确定位切入点、厘清步骤、把握清晰的设计方向。

案例分析 >>>

满潮荟·中式海鲜火锅餐厅中沉稳的格调、适当的灯光、摇曳的绿植给予了空间高级的质感及场景感，隐藏在门后的是繁华的镜面世界。逐渐深入时，多扇相同样式的门渐次呈现，每扇门上都带有不同颜色的海棠花图样。

充满对抗张力的元素在有趣的搭配下具有强烈的个性表现，这是空间的特别之处。台灯、屏风上有传统图案，当这些东方语境下的元素以镜面作为媒介相互搭配时，顾客便获得一种置身于大宅院落中的亲切感，与材料散发的浓厚现代气息对比，矛盾且融合。

满潮荟·中式海鲜火锅餐厅 / 万社设计

【满潮荟·中式海鲜火锅餐厅室内文艺风格设计】

5.3　不同类型餐厅的设计

餐饮业作为我国第三产业中的支柱产业之一，是关系国计民生的重要行业，它与文化娱乐、旅游休闲等方面的居民消费密切相关。目前，我国的特色餐饮店类型主要包括快餐厅、自助餐厅、咖啡厅、酒吧、火锅店、烧烤店、饮食广场、民间小吃街等。

5.3.1　快餐厅

1. 快餐厅空间的布置和动线设计

对快餐厅空间进行合理规划和对动线进行合理设计是提升快餐厅服务效率的直接因素。普遍的做法是将大部分桌椅靠墙排列，其余则以岛式配置于空间中央，这种方式能有效地利用空间。靠墙的座椅通常设置为 2 人或 4 人对座，也有少量 6 人对座的座位。岛式的座位少则 4 人，多至 10 人，这种座位的受众群体大多数是人数较多的家庭或集体。

在快餐厅的动线设计上，要注意分出动区和静区，按照“在柜台购买食品—端到座位就餐—将垃圾倒入垃圾桶—将托盘放到回收处”

La Sastrería 餐厅 / Masquespacio

的顺序合理设计动线，避免出现通行不畅、相互碰撞的现象。如果餐厅采取由服务人员收托盘、倒垃圾的方式，则应在动线设计上设置服务人员和顾客的不同动线。

2. 快餐厅的设计要点

快餐厅的室内空间要宽敞明亮、干净整洁，这样既有利于顾客和服务人员的活动，也能给顾客舒畅开朗的感受。色调应明快亮丽，包括店徽、标牌、食品图片灯箱及服务员服装。室内陈设应进行系列化设计，着重突出该店的特色。

5.3.2 自助餐厅

自助餐厅以自选、自取食物为经营特色，由顾客自行到餐台选取喜爱的食物为主，在设计中应强调顾客动线、弱化服务人员动线，其具有动态就餐的特点。

1. 自助餐厅的动线引导

自助餐厅的顾客动线大致可以分为两种形式：一种是引导顾客前往固定设置的餐台选取食品，依据食品数量付账后用餐；另一种是支付固定金额后任意选取食品，然后就餐。这两种方式都比一般餐厅大大减少了服务人员的数量，从而降低餐厅的用工成本。

自助餐厅必须充分考虑顾客的需求。在由顾客自行选取食品再结账的餐厅，应在顾客选取食品动线的终点处设置结算台，顾客在此结算付款后将食品拿到座位食用。这种餐厅一般还在靠近出口处设置餐具回收台，方便顾客就餐后将餐具送到回收台，形成完整的动线。在顾客支付固定费用再选取食物的餐厅，要注意餐台的设计应能使顾客从选取食品处开始选取，而不必按固定的顺序排队等候。比起传统的一字形餐台，改良的自由流动形和锯齿形餐台更容易实现这一功能。另外，考虑到在这种形式的餐厅中顾客可能会经常起身去餐台盛取食品，在设计时需注意餐桌与餐桌之间、餐桌与餐台之间必须留出足够宽敞的通道，避免出现拥挤和碰撞。

2. 自助餐厅的设计要点

自助餐厅多采用开放、避免遮挡的空间形式，根据具体情况也可在空间中做适当的分隔。自助餐厅的设计重点在于合理规划空间，另外，装修应简洁明快，以达到宽敞、明亮的效果。

3. 自助餐厅的厨房设计

自助餐厅对厨房的及时热炒和烹、炸的要求不高，因此烹调间、副食粗加工间、副食细加工间的面积都可以缩减，设施也可以相应简化。经营烧烤、火锅之类的自助餐厅，因食品的烹调基本是由顾客自行完成的，所以烹调间和辅助加工的空间可以大大缩小，甚至可以不设烹调间，将空间更多地留给就餐区。

Aomori Apple Kitchen 自助餐厅

5.3.3　咖啡厅

1. 咖啡厅的空间布局与环境氛围

咖啡厅一般设在人流量大的路边或设在大型商场和公共建筑中。咖啡厅比酒楼餐馆的规模要小，造型以别致、轻快、雅致为特色。

咖啡厅的平面布局比较简明，内部空间以通透为主，一般都设计成一个较大的空间，有合理的交通流线，座位布置较灵活，以不同高度的轻隔断、顶棚等对空间进行划分。在咖啡厅用餐不需用太多的餐具，餐桌较小，例如双人座的桌面有 600mm × 700mm 见方即可。餐桌和餐椅多设计成精致轻巧的造型。为营造亲切谈话的气氛，多采用 2～4 人的座席，咖啡厅中心部位可设一两处人数多的座席。咖啡厅的服务柜台一般放在接近入口的明显之处，有时与外卖窗口结合，方便人们打包带走。由于咖啡厅多以顾客直接在柜台点单、当场结算的形式为主，因此付货柜台应较长，柜台内外都需留有足够的空间。

咖啡厅的外立面多设计成大玻璃窗，透明度高，人们从外面可以清楚地看到里面。由于咖啡厅的面积一般不是很大，使用大玻璃窗在提升通透感的同时又在视觉上扩大面积。

Mama Makan 咖啡厅 / Concrete

Melk 咖啡厅 / La Firme

【Mama Makan 室内设计】

【Melk 咖啡厅明快的空间主导气氛】

咖啡厅多以轻松、舒畅的环境氛围为主，一般通过简洁明快的装修、淡雅的色彩，并结合植物、水池、喷泉、灯具、雕塑等小品来营造轻松的氛围感。此外，咖啡厅还常设置室外区域，使内外空间交融、渗透，创造良好的视觉景观效果。

高档咖啡厅装修标准较高，要求厅内环境优雅，桌椅布置得舒适、宽敞，每个座位的活动空间最低为1.3m²/座，若设音乐茶座或其他功能的空间时，可相应加大到1.5～1.8m²/座。普通咖啡厅每个座位的活动空间应不小于1.2m²/座。

2. 咖啡厅的厨房设计

咖啡厅一般分为两类：西式和中式。两者的规模和标准差别很大，厨房加工间的面积和功能也有很大区别。

一些小型的咖啡厅，座位较少，经营的食品一般不在店内加工，冷食、点心、面包等采用外购再存入冷藏柜、食品柜的方式。有的咖啡厅仅有煮咖啡、热牛奶的器具，对厨房要求很简单。大型咖啡厅多数有加工间，并设有外卖制作间，其饮食加工间需满足冷食制作和热食制作等加工空间的要求，因此厨房面积比较大。大型咖啡厅热食制作区通常是厨房的核心区域。这个区域通常设有多个炉灶、烤炉和蒸箱，可以同时处理多个订单。凉食制作区要保持干净，通常设有冷却设备。烘焙面点区的烤箱应放在离其他制作区远一些的位置。除了制作区域，厨房还需要大量的存储空间。在有限的空间里，员工要来回走动，所以要尽可能发挥空间的潜能，存储区域经常被安排在中央位置，以方便厨师和服务人员快速取用所需的厨具和材料。制作区和储藏区的布局应考虑便于使用和管理。

The Coffee Prudente / Studio Boscardin.Corsi Arquitetura

由于咖啡厅所需的各种原料用量不大，所以食品库房分类不必太细。咖啡厅所用的器具也比一般餐厅少，器具存放和洗涤消毒空间可相应缩小。冷食制作的卫生要求高，因此在冷食加工间和对外的付货处之间应设置简单的通过式卫生处理设备，如在地面上设置喷水设施，工作人员经此必须冲鞋才能通过。

【The Coffee Prudente街咖啡站设计】

冷食、蛋糕等成品必须冷藏，除在加工间设置冰箱、冷柜等，还可设置专门的成品冷库。

5.3.4 酒吧

1. 酒吧的类型

近年来，为了吸引不同的消费群体，突出经营特色，酒吧的类型变得多种多样，例如酒吧开始与体育、音乐、文学等结合，归纳起来大致可以分为下列 6 种。

(1) 音乐舞蹈类酒吧：如钢琴吧、摇滚吧、卡拉 OK 吧、迪吧等。

(2) 风格主题类酒吧：装饰陈设别具一格，环境氛围给人一种独特的文化享受，如“雏鸟俱乐部”“摩托车俱乐部”等。

(3) 收藏展示类酒吧：以有趣的形式展示各种收藏，营造一种特别的氛围，如有的酒吧展示各国汽车的车牌，有的展示音乐唱片等。

(4) 自制自酿类酒吧：这类酒吧所售的主要酒类和饮料是该店自制自酿的，其独特的风味可以吸引很多顾客。

(5) 诗歌文学类酒吧：给喜欢诗歌文学的人提供聚会的地方，如“鲁迅文学沙龙”等。

(6) 体育休闲类酒吧：给球迷、体育爱好者制造交流聚会的机会，常设置电视屏幕直播各种赛事，或设置台球桌、麻将桌等，人们可以边饮酒边进行休闲运动。

2. 酒吧的空间布局和环境氛围

酒吧的面积一般较小，空间设计要紧凑，但不能让顾客感到拥挤。吧台通常在空间中占有显要的位置。在小型酒吧中，吧台设置在入口的附近，使顾客进门时便能看到吧台，店家也便于服务管理。酒吧除了设有柜台席，还应设置一些散席。酒吧通常不提供正餐，桌子较小，座椅的造型也比较随意，常采用舒适的沙发座。

【BEEER PARK 酒吧设计】

BEEER PARK 酒吧 / 朱海博建筑设计事务所

Merci Marcel 咖啡厅酒吧 / HUI DESIGNS

【Merci Marcel 咖啡厅酒吧室内氛围】

PLUTO 酒吧 / 三厘社

【PLUTO 酒吧吧台设计】

一般顾客到酒吧来都不愿意选择离入口太近的座位。设计转折的门厅和较长的过道可以使顾客入店门后在心理上有一个缓冲的地带，这就淡化了座位的远近之分。此外，设在地下一、二层的酒吧，可通过对楼梯的装饰设计，营造店内的氛围，增强顾客的期待感。

酒吧多数在夜间经营，适合上班族下班后来此饮酒消遣，以及私密性较强的会友等。因此，它追求轻松的、具有个性和隐秘的氛围，设计上常强调某种主题。酒吧的色彩浓郁深沉，灯光设计比较幽暗，整体照度低，局部照度高，主要突出餐桌照明，使顾客能看清桌上置放的东西，对餐桌周围的人只是依稀可辨。酒吧的通道应有较好的照明，特别是在地面设有高差的地方，应加设地灯照明，以照亮台阶，防止危险。

吧台部分作为整个酒吧的视觉中心，灯光要求较高，除了吧台台面的照明，还要充分展示各种酒和酒器，以及调酒师优雅娴熟的调酒表演，从而使顾客得到观感上的满足，在轻松舒适的氛围中流连忘返。

酒吧的设计意境和氛围也是十分重要的，顾客会因为喜欢这家酒吧的氛围而常来此店。要想在众多酒吧中脱颖而出，别出心裁的整体装修和有质感的格调缺一不可。

3. 酒吧的吧台设计

吧台是酒吧设计中的一大亮点。吧台可分为前吧和后吧，前吧通常由高低式餐饮台和调

炼金术酒吧 / PIG DESIGN

【炼金术酒吧吧台设计】

酒用的操作台组成，后吧通常包含酒柜、装饰柜、冷藏柜等。吧台的形式有直线形、“O”形、“U”形、“L”形等，比较常用的是直线形。

吧台边的座椅都是高脚椅，这是因为后吧的地下有用水等要求，要设置各种管道。此外，吧台服务员在内侧是站式服务，为了使顾客的视线高度与服务员的视线高度持平，

【Little Sister酒吧的前吧与后吧设计】

Little Sister 酒吧 / Rockwell Group

所以顾客的座椅要比较高。为配合座椅的高度，通常柜台下方设有脚踏板。吧台台间距通常为 500～1000mm，座椅面比台面低 250～350mm，脚踏板比座椅面低 450mm 左右。

吧台席多为排列式，既方便顾客坐在吧台席上看到调酒师的操作表演，与调酒师沟通，又适合单独的客人使用或双人并肩而坐。吧台需要有足够大的体量，以承载较多的顾客，但由于吧台席与 4 人座的厢型座席相比，单位面积能够容纳的客人较少，加大吧台的体量就会减少整个空间容纳的顾客数量。为了解决这个问题，可以将吧台一端与一个大桌子相连，因为大桌子周围可以坐较多的客人，减小了加大吧台体量给座位数量带来的影响，同时也能在设计上打破一般常规吧台的形式，创造具有新意的组合方式。吧台座椅之间的距离普遍为 580～600mm，一个吧台的座位数量最好在 7～8 个，如果座位数量太少，就会使人感到冷清和孤单，从而影响整个酒吧的氛围。

除了前吧，后吧也是设计关键。由于后吧是顾客视线集中之处，也是店内装饰的精华所在，更需要精心处理。应将后吧分为上、下两个部分来考虑：上部不作实用上的安排，可进行装饰和自由设计，某些体量小的酒吧常在上部设置大面镜子，以达到在视觉上扩大空间的目的；下部一般设置柜子，在顾客看不到的地方可以放置调酒所需的杯子和酒瓶等。柜子最好宽 400～600mm，这样就能储藏较多的物品，满足实用要求。

前吧和后吧的距离不应小于 950mm，但也不可过大，以两人可以同时通过的距离为宜。冷藏柜在安装时应与通道保持一定距离，柜门打开后不会影响服务员走动。吧台通道的地面应铺设塑料格栅或条形木板，局部铺设橡胶垫，能起到防水防滑的作用，这样的设计也可减少服务员长时间站立而产生的疲劳感。

5.3.5 火锅店、烧烤店

1. 平面布局和桌面设计

火锅店与烧烤店的布局和一般的餐厅没有什么太大的区别，只是服务员端送菜量大，因此最好在厨房与餐桌之间留两条通道，方便运送菜品。火锅店与烧烤店的通道比较宽，主通道至少要有 1000mm。有些店是自助服务模式，所以需要在自助柜台周围留出足够的空间。为了避免动线冲突，顾客动线和服务动线应该清晰明确。

由于火锅店和烧烤店供应食材的摆放面积较大，因此经常需要使用大盘子。调味品和配菜种类繁多，用量比一般餐厅大。此外，在桌子的中央有一个炉子（直径约 300mm），占据了一定的桌面空间。因此，火锅和烧烤的桌子要比普通餐厅桌子大。例如，4 人桌的桌面应该在 800mm × 1200mm ～ 900mm × 1200mm。

火锅店和烧烤店使用的餐桌多为 4～6 人的餐桌。由于桌上的设备相同，与 4 人桌相比，2 人桌的使用频率较低。一般不用超过 6 人的桌子，因为有的顾客距离炉灶较远。由于烟道等限制，大多数餐桌是固定的。因此，需要考虑餐桌的分布，以及大桌和小桌的数量比例。火锅店和烧烤店的餐桌应该是耐热的、阻燃的、容易清洁的。

2. 排烟设计

火锅店和烧烤店要特别注意排烟设计。如果处理不当，餐厅将充满烟雾和蒸汽，污染空气，恶化用餐环境。目前我国大部分的小店还没有解决这个问题。在一些店里，安装几个吊扇或者打开窗户排放烟雾并不足以完全改善室内空气污染。这点上还有待进一步完善，国外餐厅的处理也值得我们参考借鉴。

日本在 20 世纪 80 年代初期制造了无烟炉灶，解决了油烟的问题，推动了火锅和烧烤在日本的普及。无烟炉灶的工作原理是在烟和蒸汽扩散之前，使空气从桌子底部的管道中排出。另外，应采取强制通风措施，以保持餐厅的空气流通。

目前，使用率较高的日式无烟炉灶的排气管道是从桌子下方铺设的，无烟炉灶一般设在桌子中央，灶顶低于桌面，上面的炉盖与桌面平齐。如果不吃火锅或者烧烤时，可以把有无烟炉灶的餐桌当作普通的餐桌。桌底的灶台与排烟管相连，外面必须用一种耐热且阻燃的材料进行包裹。一些桌面下暗管包裹过厚，会让顾客的腿部放得很不舒服，因此，桌面面积应增大。炉灶箱体还需设有检修门，方便进行后续检修工作。

鲜乐门鱼头火锅派

醒狮港式牛肋条火锅店

【醒狮港式牛肋条火锅店室内设计】

Kuzushiteppanabagura 餐厅

3. 厨房设计

与普通餐厅相比，火锅店、烧烤店的厨房工作更容易进行。生肉、生菜和调味料可以提前准备，以避免用餐高峰的备菜紧张。

虽然可以适当减少加工主食和副食的空间，但冷藏、制冷、除霜设备是不可缺少的，需要占用很大的空间。通常情况下，储存空间要能够容纳一个星期左右的食材储备。此外，食品和煎锅需要更宽的操作台，并且必须为清洁区域配备足够的设备和空间，以确保快速顺畅地工作。

5.3.6　饮食广场

饮食广场通常位于大型购物中心的顶层或底层，这完美契合了购物中心以购物为主，饮食娱乐为辅的宗旨。有的超大型综合商场中的饮食广场占据了相当大的空间，而且位置设在一楼或中间层。

饮食广场与大型商场密不可分，大多数都是相通的。如果饮食区和其他购物区在同一层，那么大部分都位于儿童用品区和娱乐城的旁边。由于我国饮食广场有很多顾客出入，要确保入口空间有足够宽的通道，以免影响附近商店的营业。

饮食广场是一个联合经营的快餐场所，有一定规模，需要更多的空间和座位。各店的柜台和厨房通常位于大空间周围，空间中间设有座位。空间内高差变化不大，一般不设单间和雅座。

大多数饮食广场只使用低栏杆、花台分隔空间，这样视野宽广。桌子和椅子颜色明亮，造型简洁，符合多数人的审美。地板、墙壁、餐桌和椅子的表面是光洁的，易于维护和清洁。

武汉光谷广场火星饮食广场

遵义汇川林达美食街

Food Republic (Wisma Atria)

饮食广场的空间环境氛围以轻松明快为主。有条件的最好打开阁楼的天窗。在购物中心购物时，顾客通常会感到拥挤和嘈杂，饮食广场要让顾客感受到放松、温馨。它需要一个高大宽敞的空间、轻松的氛围。饮食广场的照明要求高亮度，在没有自然光的情况下，亮度要达到日光的光照程度。照明设备主要安装在顶部，也可以通过吊灯、壁灯等装饰灯进行局部照明，也可以使用辅助灯加强空间色彩。

饮食广场由很多店面组成，在这样一个较大的空间内，设计上应强调整体的统一性。这种方法通常表现在每个店的柜台，例如招牌和霓虹灯的大小和高度是统一的，与整个空间的装饰相辅相成。色彩的运用和家具的风格也采用统一的设计，保证整体效果。饮食广场的柜台和厨房位于周边区域，一是力争最大的饮食区域，二是座位相对比较集中，减少人流交通面积。每个店铺的宽度为3～6m，深度为6～10m。每个厨房后面都有一个统一的运输通道，连接到购物中心的货运电梯。

5.3.7 民间小吃街

民间小吃街最早形成于民间街道上，南方也称为大排档。在各地文化背景下，民间小吃街具有一定的地方特色。民间小吃街在地理位置和环境上都不同于饮食广场，但在店面布局和餐饮特色等方面，都有着相似的地方。

民间小吃街是一个让人享受美食、文化、娱乐等体验的地方。要合理设计和规划民间小吃街，需要把握以下关键点。

(1) 选址是民间小吃街的关键，一个好的位置能够吸引更多的游客和本地人光临，取得好的成果。民间小吃街的面积要宽广，能容纳各种各样的餐厅、小吃，以及其他娱乐设施。

(2) 民间小吃街可以设计景观来营造舒适的环境，同时创造出吸引人的视觉体验。

(3) 民间小吃街应为顾客提供良好的服务，还应该提供一些基础设施。民间小吃街的经营还要考虑除美食外的问题，如老人安全、孩童安全、顾客如厕等问题，做到以人为本。

单元训练和作业

1. 课题内容：认识餐厅设计类型、餐厅设计主题与餐厅设计特色。

2. 课题时间：4 学时。

3. 教学方式：教师通过课堂讲授，引导学生学习餐厅的设计风格与主题等。

4. 要点提示：教师结合视频资料讲授，使学生在理解餐厅设计风格的基础上，构思自己的设计作品的风格和特点。

5. 课题作业：收集至少 3 个不同主题、风格的餐厅的设计资料，并对其进行分析。

第 6 章 餐厅设计的步骤与方法

本章教学要求与目标

教学要求：学生以小组为单位完成餐厅现场调研，并共同制作调研报告。要求学生独立完成创意方案、设计草图、初步小样、设计正稿等教学环节。

教学目标：提升学生协同调研能力和表达方案能力，使学生掌握餐厅空间环境设计手法与步骤。

本章教学框架

餐厅设计的步骤与方法
- 餐厅设计的四个阶段
- 餐厅方案设计的步骤与方法
- 餐厅方案设计图纸

【教学实录】

6.1 餐厅设计的四个阶段

餐厅设计一般可分为项目策划阶段、方案设计阶段、初步设计阶段和施工图绘制阶段四个主要阶段。

6.1.1 项目策划阶段

项目策划是整个设计工作开展的基础，在项目设计开始前，应该对设计项目进行明确的规划。

首先，分析设计任务书。任务书是对设计内容的文字说明，是对餐厅设计工作的指导性文件，是设计师实施设计的理论基础。明确项目内容、设计目的及任务，是设计前期先要清楚的问题。知道要做什么，继而思考如何去做，从功能、心理、审美等不同角度了解所需要解决的问题和要表达的东西，分析和制定项目标准、设计周期、设计要求及要实现的设计效果。

其次，对项目进行调查和研究。这包括调研设计对象的相关信息；通过现场考察对餐厅空间条件进行分析；查阅尽可能多的相关资料，并考察实例；了解业主的意向和喜好。

考察现场（作者拍摄）

现场指导（作者拍摄）

6.1.2　方案设计阶段

方案设计基本阶段的工作是全部方案设计阶段工作的基础。这个基本阶段的设计结果是整个方案设计阶段工作完成后的基本设计面貌。设计工作中的重点就是需要和各位业主做好项目任务交流（通过方案设计签订任务协议书），以便充分了解和熟悉业主对餐厅设计基本方案的设计意向与想法。在此基础上，由方案设计者具体提出整体设计方案概念，再逐步确定整体方案设计风格，从而形成一个整体化的设计方案。

在综合研究分析了餐饮空间设计的基本技术要求之后，需要进行平面布置和界面设计；绘制空间设计整体效果图；提供所用建筑材料的实样及展板；撰写设计说明；计算整个工程的设计费用。

6.1.3　初步设计阶段

初步设计阶段主要是在听取了各方面的建议之后，对已经基本确定概念的方案设计加以调整，并对照相关的法律标准和技术规定进行深入设计，协调设计方案与生产设备工种之间的关系。另外，还需要确定方案中的细部设计，比如材料间的连接方式、收边方式、板材规格和尺寸，以及一些在方案设计阶段中未处理的细节问题，并且必须补齐在方案设计阶段未出的平面图与立面图。

6.1.4　施工图绘制阶段

施工图的设计深度与质量，是影响最后设计效果的主要因素之一。该阶段的餐饮空间施工图文件主要包括详尽的设计说明、施工说明、工程设计图纸、施工设计图纸，以及工程预算报表等。施工设计图纸中除了包括标注详细内容的总平面图、立面图、剖立面图，还应包括建筑结构图、局部大样图、家具设计图等具体内容。此外，还需提供最终设计的材料样板。

当施工图绘制阶段工作完成后，并不代表着整个工程设计的全部完成，设计者必须在施工中和施工单位做好设计交接。如果出现了具体的技术问题，还需对原工程设计内容做出更改和调整，并配合工程甲方和施工单位做好工程的质量检验工作。

课程现场（作者拍摄）

6.2 餐厅方案设计的步骤与方法

做一切工作都要讲究步骤与方法。在进行餐饮空间方案设计时，采用科学的步骤与方法有助于设计工作的开展，有利于设计思维的拓展。餐饮空间设计有一定的时间、空间限制，因此采用合理的步骤与方法，对于提高效率、控制设计周期、确保设计成果按时且保证质量地完成，是至关重要的。

一般来说，餐饮空间方案设计的制作流程可以大致分成四个步骤：设计概念的形成、方案草图设计、方案草图深化、方案的制作。

就设计而言，不存在唯一正确的答案。作为设计师，要设计一个相对合理并能够让业主满意的方案。如果仅仅是在设计概念上无休止地调整，而忽视了在设计深化上下一定的功夫，那样就无法协调好设计概念和实际工程之间可能产生的冲突，那么就算想法不错，可能设计结果不会很理想。反过来说，如果在方案的深化阶段能良好地处理空间形式、细节设计与色彩运用等的关系，但在设计概念上却缺乏创造性，甚至没有个性和特点，想让方案产生吸引力也是相当艰难的。确定各个步骤的工作重点，并选择恰当的设计方法和合理地分配作业时间，是整个方案能够顺利完成的关键所在。

6.2.1 设计概念的形成

这里的设计概念即初步方案设计前设计师针对某个项目决定所采用的最基本的设计理念。设计概念的建立重在“意在笔先”，设计师在经过对建筑实况综合研究分析之后，在脑海中产生设计思路。设计概念既体现了设计师独特的设计理念和思想，也是对餐饮设计的具体特点、可能性等因素综合分析与概括后的思想总结。餐饮空间的设计概念包括方案施工要求的分析、设计目的的说明、平面处理的分析、空间形态的分析和形式风格的选择等内容。

设计概念主导的设计思想的实现包括以下几个方面。

(1) 设计思想不应受到任何限制，否则思维会受到禁锢，从而难以拓展。

(2) 正确面对餐饮空间的建筑构造与使用功能限制的现实，直到概念的创意符合限定的制约条件。

(3) 概念设计中的整体和局部关系至关重要。在确定了设计思路以后，应先从整体概念出发，思考整体空间的功能布局。有了具体的方案之后，再进行局部空间的设计。局部的设计必须遵循总体要求，以实现总体与局部的统一。

(4) 开展空间形象构想，包括空间形态、潮流趋势、艺术风格、建筑结构、材料组合、装饰手法等。

设计概念的形成，除了与设计师的天分和涵养有关，还与现场调研密切相关。

设计概念手稿（学生作品）

现场调研的广度和深度可根据具体设计的内容而定，大到设计项目周边的环境，小到设计对象的尺度和结构状况，既可对实施的项目进行实地考察，也可对相关的项目进行比较和研究。结合具体设计的要求，分析、比较不同思路和想法，就有可能提出进一步发展的设计概念。

初学者可能对某一类的设计项目比较陌生，在较短时间内也没有机会参观相似的设计项目。那么，查阅相关书籍也是一个方法。不仅要看设计案例的成果图片，还要理解设计师的构思和想法。当然，更要用所学的专业知识去自主分析，了解设计师的设计思维方式，培养敏锐的设计感觉，这对设计概念的形成必然是大有裨益的。

设计概念形成阶段的设计图纸没有必要展现过细的具体设计内容，要将重点放在概念形成的分析上，反映整体的设计倾向。图纸上一时不宜表达的内容可以用文字予以说明，用特殊的线条说明流线和视线的关系，用色块表示功能的分区，还可以用一些相关的图片来表现设计效果的意象。

设计手绘（学生作品）

设计手绘（学生作品）

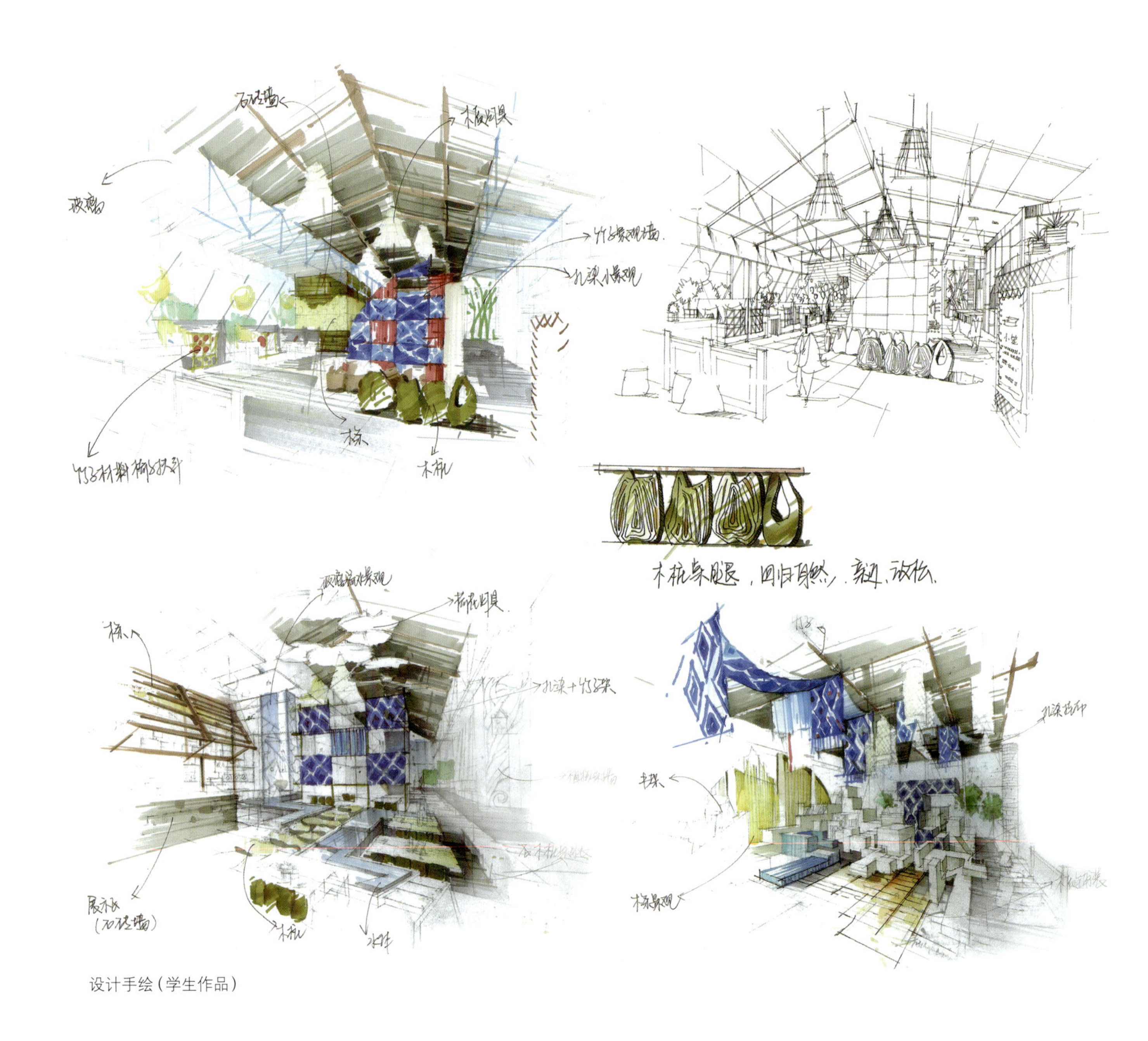

设计手绘（学生作品）

设计概念的形成不是一蹴而就的，它是一个需要不断打磨的过程，一个由模糊到清晰的过程。安藤忠雄在讨论建筑的构思时讲道：“一个人一旦适应了现状就会止步不前，因此自己首先就要具备积极主动的反思能力，同时还要能冷静客观地反思，具有自我批评、自我否定的能力。”这种学习研究的状态，对于概念设计形成和接下来的方案草图设计来说，都显得尤为重要。

6.2.2　方案草图设计

在设计概念的形成过程中，对于所要解决的具体问题还处于一个基本的估计阶段，当进入方案草图设计阶段，就要针对设计任务书上的具体要求进行设计。

在此阶段，设计者应依照设计概念所定下来的基本方向对整个环境的平面、空间和立面等内容进行设计。虽然是草图阶段，但应对所选用的材料和色彩的搭配做出规划，甚至

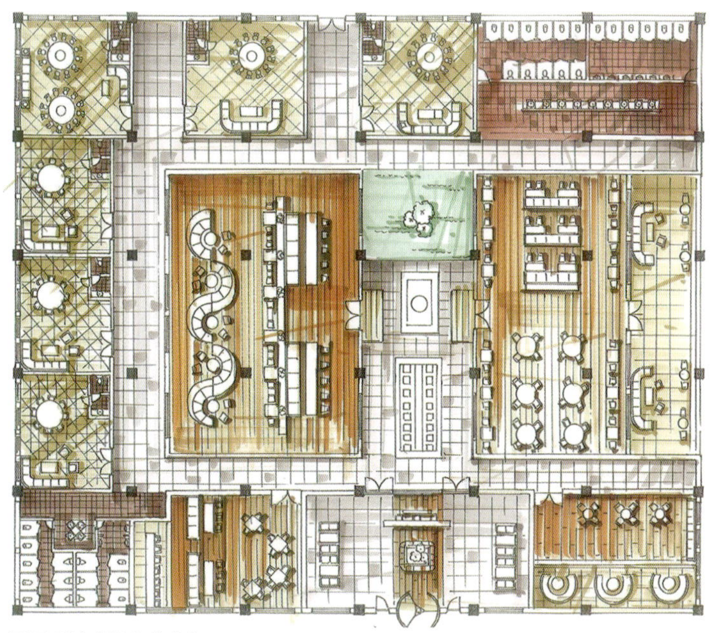

平面手绘（学生作品）

顶面手绘（学生作品）

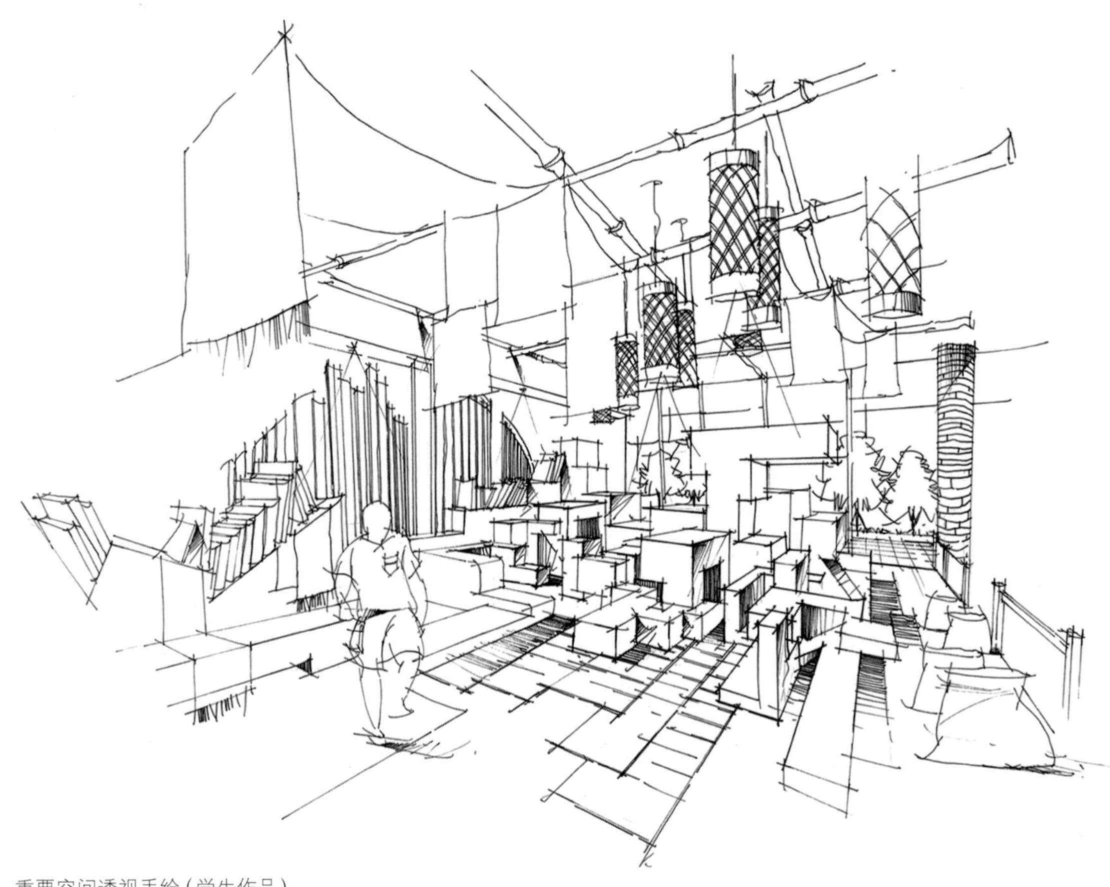

重要空间透视手绘（学生作品）

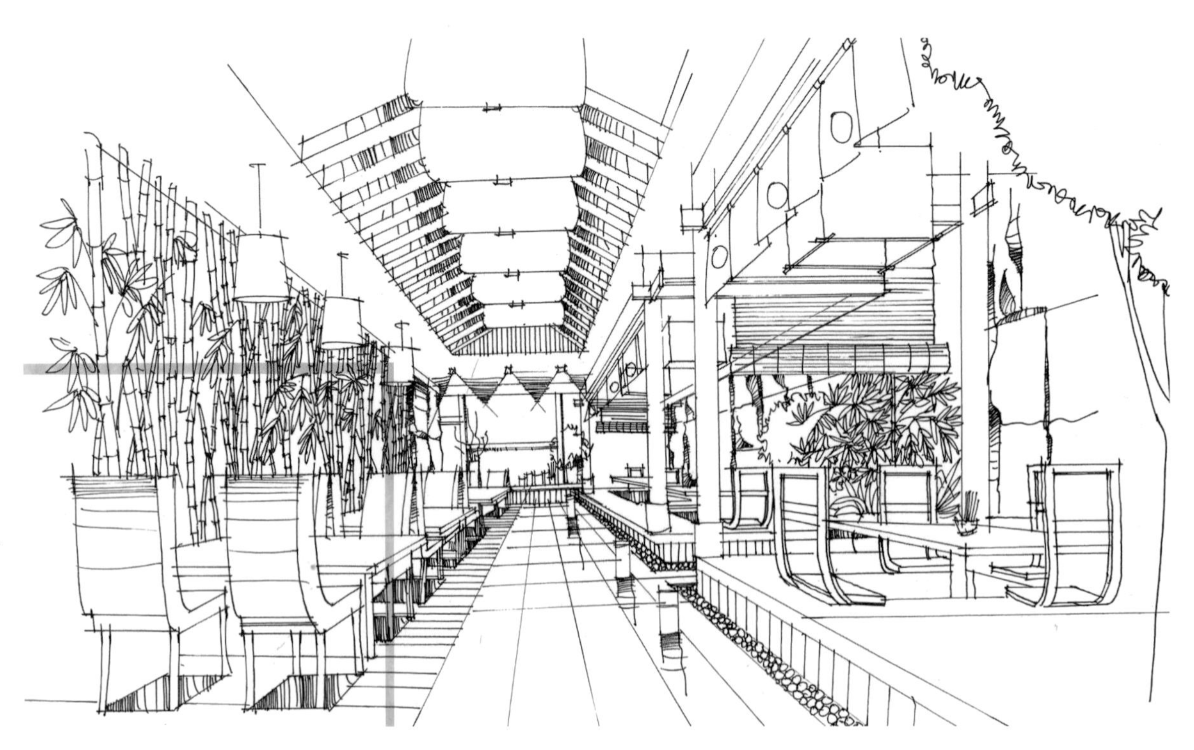

重要空间透视手绘（学生作品）

重要空间透视手绘（学生作品）

局部空间、立面手绘（学生作品）

包括一些照明设计的内容，因为照明设计与最终环境氛围的效果有密切的关系。

方案草图设计包括基本的平面设计图和顶面设计图、重要空间的透视图、立面图、若干分析图及文字说明等内容。

方案草图设计并非对设计概念不做调整。当进入具体设计阶段，会发现原先的设计概念有可能存在不合理之处，甚至有可能不会实现。随着工作的展开，如果有更好的想法，可对原有的设计概念做出及时的调整和修改，以免影响下一步工作计划的实行。

局部空间手绘（学生作品）

6.2.3　方案的深化

设计的整体性在整个方案阶段应是一直被强调的事情，例如家具、照明、陈设等因素都是相互联系的整体，在设计草图阶段，不可能都考虑得非常周到，但它们都已被纳入设计的整体思维之中；到了方案的深化阶段，就必须将已经思考过的这些因素用图纸或计算机模拟的效果表现出来，这样可以较直观地检查设计效果。

方案的深化是方案不断完善的一个过程。在这个过程中，要对地面进行设计，因为地面是一种空间限定和引导人流活动的元素；还应对顶面进行深入设计，因为顶面也是空间限定和形式表现的重要元素，顶面上的灯、风口等设备不仅有使用上的具体要求，其形式和位置也影响美观，特别是灯具的造型和布置的方式对设计形式影响较大。

方案的深化不仅要将设计做得细致和全面，也要从设计的某个侧面来思考元素之间的相互关系。深化设计就是要在注重整体性效果的前提下，在设计草图的基础上完善立面设计、色彩设计，并完成家具设计、绿化设计和陈设配置等工作。这个阶段的工作原则应是“宜细不宜粗”，体现“以人为本”的设计理念。

设计手绘（学生作品）

设计手绘（学生作品）

6.2.4 方案的制作

方案的制作阶段，在课程设计中又称为“上板”，主要内容就是按照设计任务书中明确的图样要求，进行正图的描绘。通常的方案设计图纸内容主要包括平面图、顶面图、立面图（或剖面图）、室内效果图、室内装饰材料实物样板图、设计说明和工程概算等内容。

在课程设计中，考虑到学生收集装饰材料样板有些许困难，即使有了样板，提交后保存也不方便，因此要求学生将所选用的样板照片附在图上即可。至于工程概算，不作为主要要求内容。

在上板前，建议学生先进行效果图制作。在效果图制作过程中，能及时发现设计中存在的问题，尤其是材料的选择和色彩的搭配。制作效果图能帮助深化设计，也有利于其他图纸进一步完善。

对于图纸的大小和形式，一般以 A1 的展板为主，或者采用 A3 的文本形式。平时课程设计以图纸的形式为主，这样便于展示和交流，毕业设计是展板与文本相结合的形式，文本主要是为了方便评阅者审阅。

餐饮空间设计
——秘密花园
你闯进我的秘密花园，
于是连砖缝之间都绽放了花朵。
主舞台效果图
主效果图
线稿概念图
效果图
路线分析图
入口
设计小创意：
具有森林气息的"枯木逢春"是用枯木与鲜花作为点缀，吊饰加入蜡烛成为灯具，功能性与装饰性的完美结合作为点睛之笔，让包房充满生机勃勃的灵动之气，又不失轻盈之美。
软装创意
我们以前都是活在童话世界里的孩子，有着一个又一个不像话的故事剧本，所以我把餐厅设计成森林主题，创造一个曾经年少憧憬的所谓童话般的秘密花园。
姓名：陈培杰
班级：环艺一班
学号：1707010106
指导教师：曲辛 郭旭阳

设计作业展板（学生作品）

6.2.5 餐厅方案设计的方法

三种餐厅方案设计的方法：手绘、计算机绘图和模型制作。

手绘的特点是生动和有个性化；计算机绘图的特点是精确、细腻，能产生逼真的效果，方便进行角度的调整，也易于进行各种复合效果的操作；模型制作的特点是直观、主体。

手绘常用的两种形式：一是以线条表现为主，二是以明暗表现为主。

对于以线条为主要造型表现的形式，应注重线条本身的特点和线条疏密关系；对于以明暗为主的表现形式，则应将重点放在整个画面明暗构成关系的处理上，注重由于受到不同的光照界面所形成的明暗渐变，在设计一些重点的界面时，这种渐变可略作夸张表现，使整个画面效果更生动。

对于计算机绘图方面，首先应该明确计算机是人为控制的，要想在计算机绘图方面取得令人满意的效果，要有较强的手绘功底。有了扎实的美术基础，才能能动地运用软件去控制画面效果。具体地讲，对于追求逼真效果的计算机绘制的图，可采用手绘控制画面明暗效果的方法，如在设置灯光参数时，有意识地设计画面的明暗变化，并结合后期制作，再对画面进行二次调整，以形成生动的明暗和色彩效果。

设计手绘（学生作品）

设计手绘（学生作品）

无论是采用手绘的方式，还是计算机绘图的方式，画面效果形成的关键还是设计师采用怎样的设计理念。若对视觉心理和绘图方法没有深刻的认识，可能会产生呆板的效果；若能充分展开形式联想，不局限于三维软件本身所固有的那么几种效果，运用图像复合的形式，计算机绘图同样能使人耳目一新。

在设计概念形成的阶段，手绘是经常被采用的方法。其操作简单、方便交流，能看得出设计的思考过程，有利于激发设计师的灵感。虽然有时草图由于多次的修改显得有点乱，不够精确，但也会给设计师带来一种新的启示或灵感。

在方案的草图阶段，常采用的设计方法是以手绘为主，结合模型制作。这里讲的模型主要是指用于空间形态研究的，以纸板、木片等为材料制作成的草模。制作模型的重要性在于能够全面审视设计，因为徒手画透视图或者绘制计算机三维模型，仅能从某个角度去展示，其他角度往往会被忽略，掩盖了设计可能存在的问题，而真实的模型可让设计师进行多方位的比较研究，从而深化设计。虽然制作真实模型需要花费一定时间，但从呈现效果来看，设计效率反而会提高。

当方案进入深化设计和制作完成阶段，推敲

设计手绘（学生作品）

和确定设计图纸的主要方式是计算机制图。计算机制图不仅修改方便、绘制精确，而且可以使用大量的图块，使设计更加便捷。有的设计软件如 Sketch Up、3ds Max 能比较真实地模拟三维效果，有助于设计师对设计的效果做出及时的判断。若对方案的色彩和材质进行设计，计算机制图的优势就更加明显，只要对模型材料库中相应的材料样本球设置加以修改，想要的色彩或材质的设计效果就可在短时间内自动生成，这对方案的调整和优化来说是非常简便的。

当然，计算机制图也不能完全代替手绘，因为计算机只能协助作图，原创还是要依靠设计者本人。能够激发人思维的手绘是计算机技术无法取代的。因此，在设计深化阶段，手绘方式仍有用武之地。

计算机绘制过程图（学生作品）

设计作业排版展示（学生作品）

设计作业排版展示（学生作品）

6.3 餐厅方案设计图纸

6.3.1 设计图纸分类

餐厅方案阶段主要的设计图纸包括平面图、顶平面图（顶大样图）、立面图、剖立面图和室内透视表现图等。

6.3.2 设计图纸的绘制要求

1. 平面图

方案阶段的总平面图必须全面地展示设计空间的总平面布置全貌。图纸主要内容包括建筑平面结构和建筑墙体结构、门和窗洞口的位置、隔断和门扇的设计、家具布置、陈设布置、灯具设计、绿化设计、地坪铺装设计等。应注明建筑轴线和尺寸，标注地坪的标高，用文字说明不同的功能区域和主要的装修材料，并标注清楚立面和剖面的索引符号。常用比例为 1：100 或者 1：50。

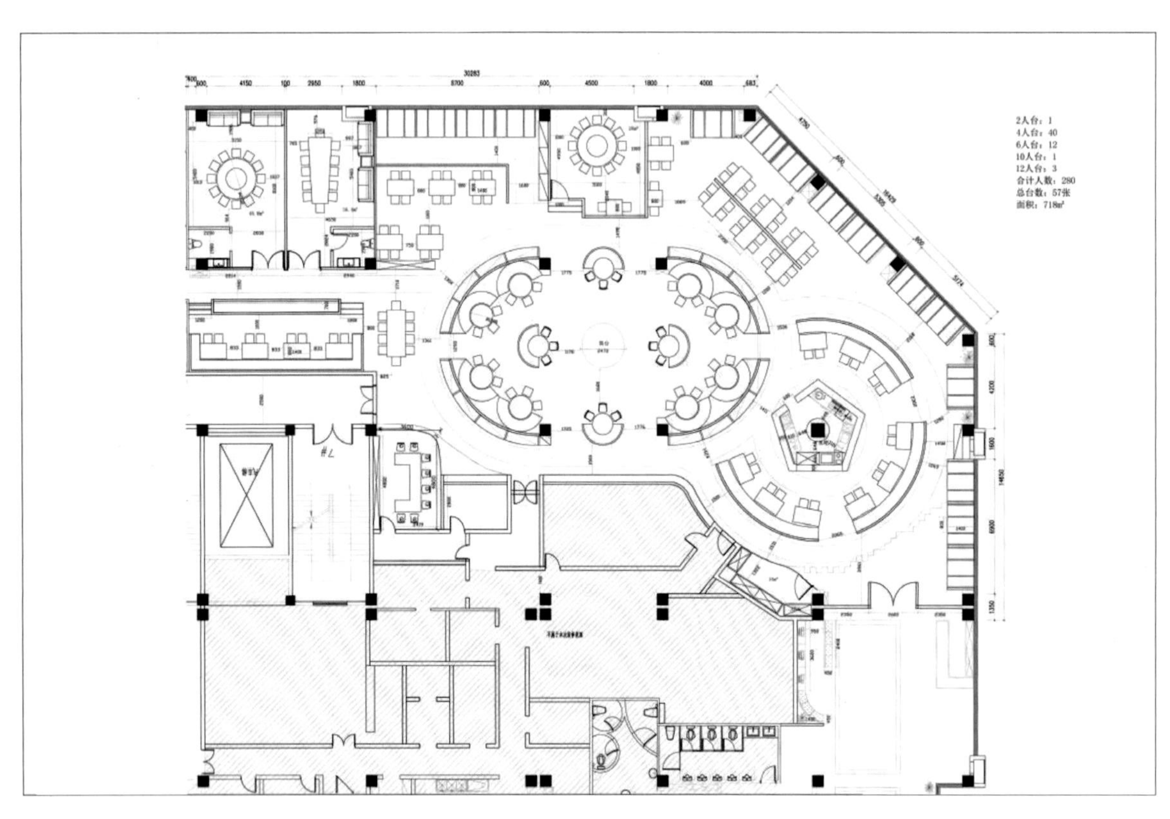

平面图（学生作品）

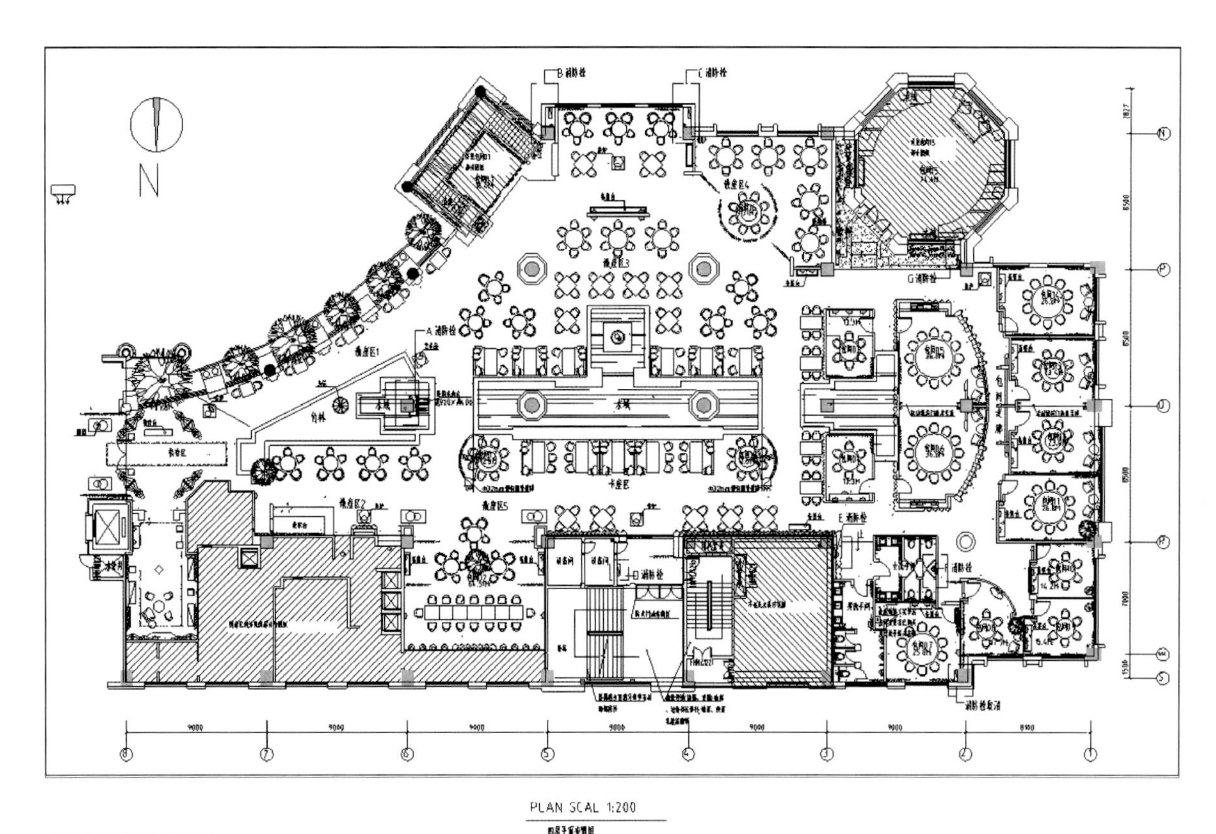

平面图（学生作品）

2. 顶平面图（顶大样图）

顶平面图表达的内容包括顶面造型的变化、安装灯具的位置（大型灯具应画出基本造型的平面）、设备安装的情况等。设备主要指的是风口、烟感、喷淋等设备。应注明具体的标高变化，用文字标注顶面主要的饰面材料，并注明轴线和尺寸。常用比例为 1：100 或者 1：50。

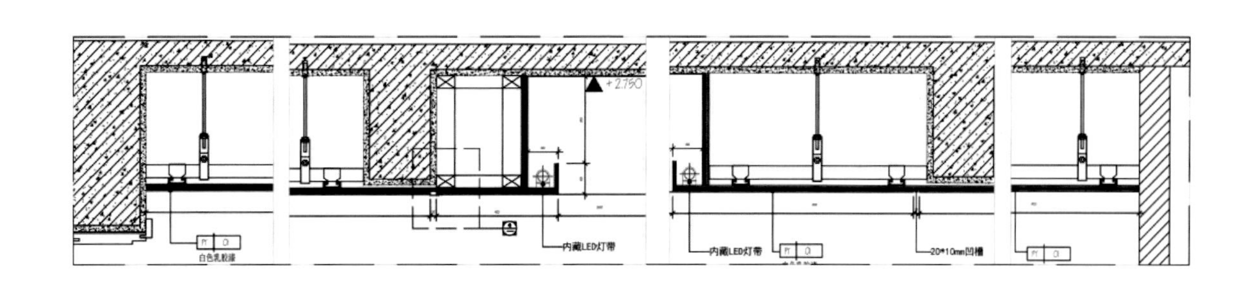

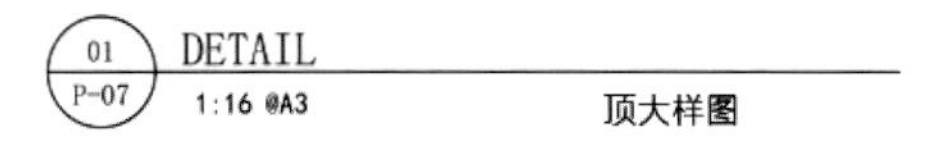

顶大样图（学生作品）

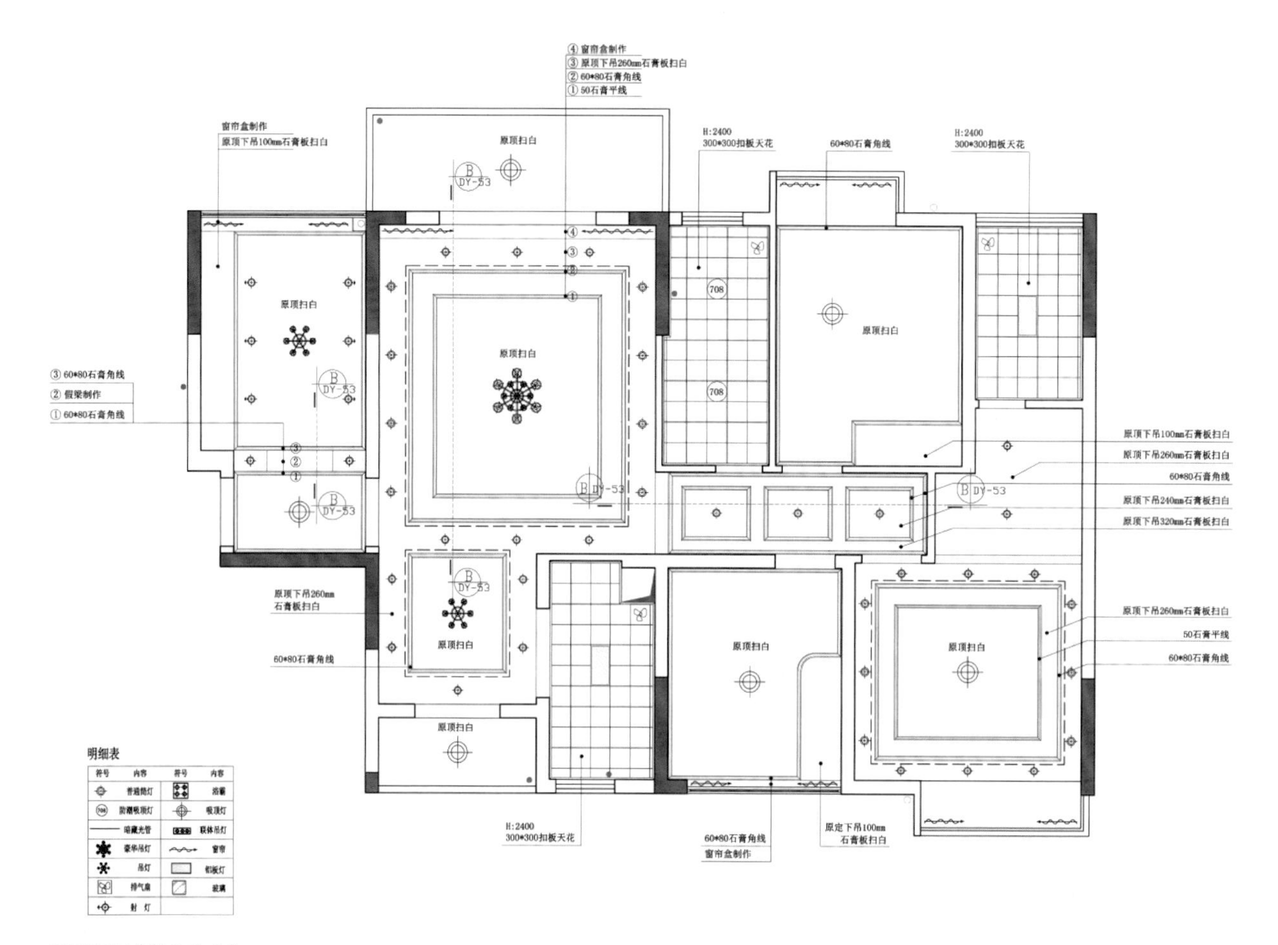

顶平面图（学生作品）

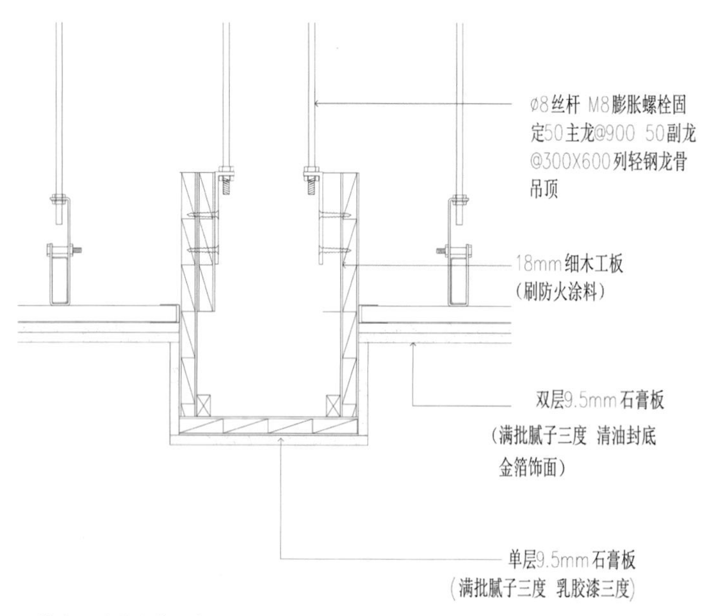

顶节点图（学生作品）

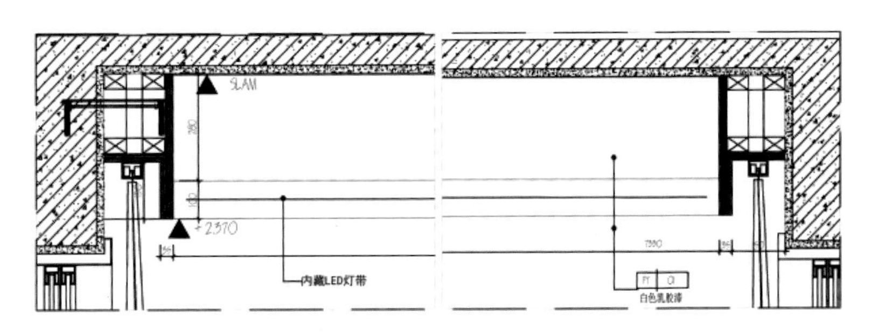
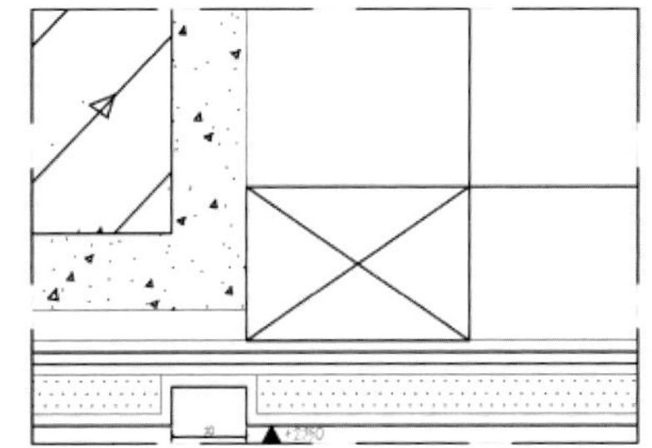

顶大样图（学生作品）

3. 立面图

立面图应表示清楚外立面的形状特征及装饰材料铺设的尺寸，并应当表现出和该立面相邻的家具、灯具、陈设品，以及绿化设施等。对于具体的饰面材料应用文字加以标注，还应注明轴线、轴线尺寸和立面高度等。常用比例为 1∶20 或者 1∶50。

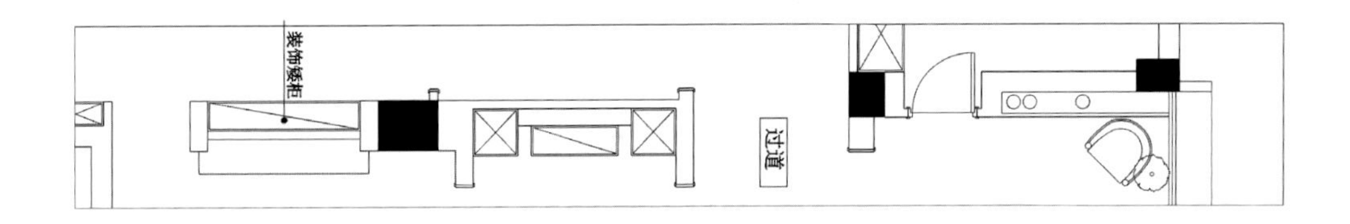
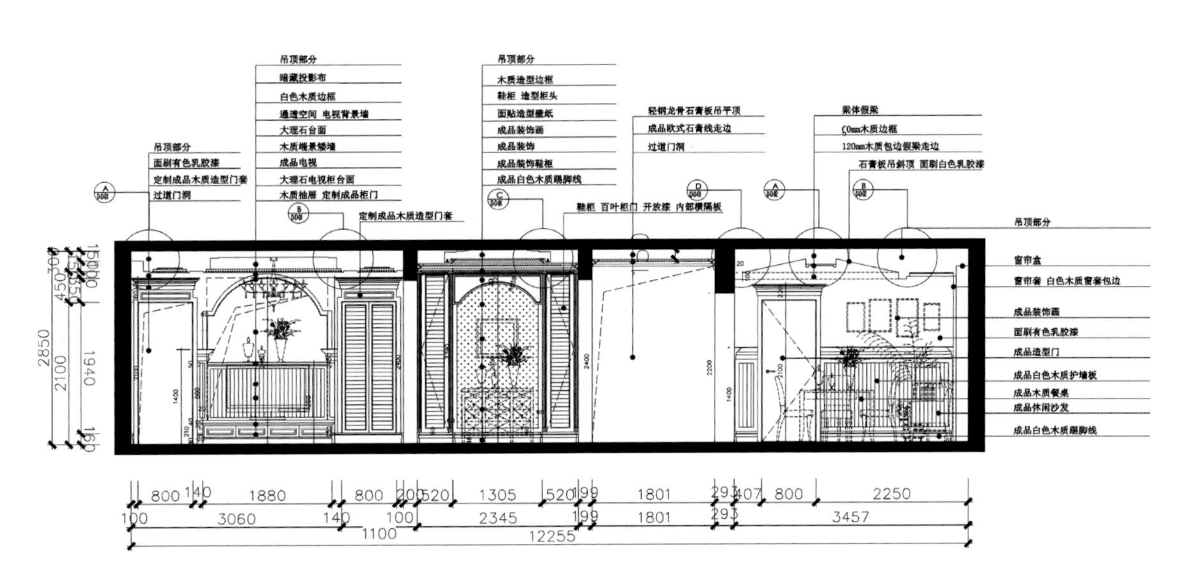

立面图（学生作品）

4. 剖立面图

剖立面图宜表现形态变化较丰富的空间。除了应画清楚剖切方向的立面情况，还应将建筑与装修的断面形式表现出来，标注要求同立面图。常用比例为 1：5、1：10 或者 1：15。

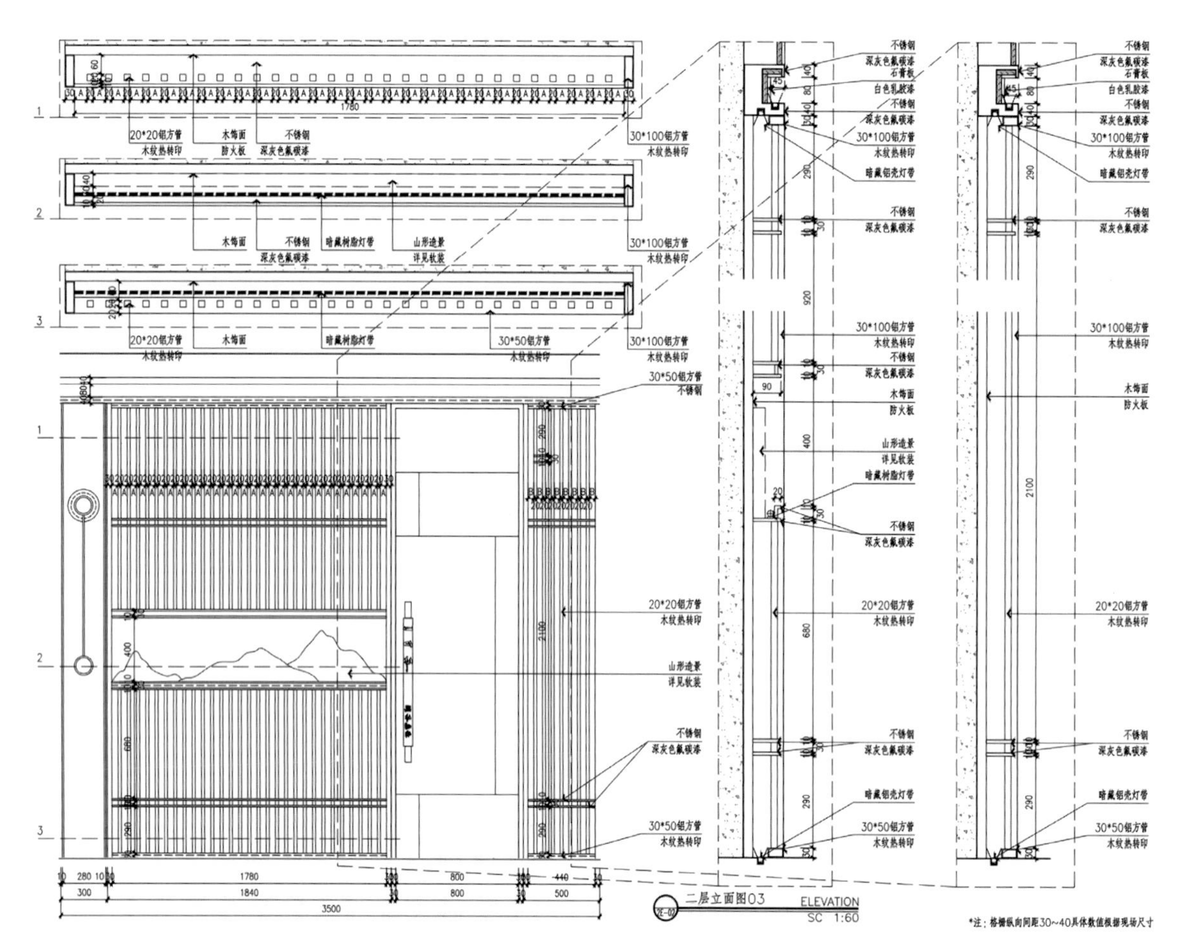

剖立面图（学生作品）

5. 室内透视表现图

与其他设计图纸相比较，室内透视表现图以透视的形式来表现设计内容，将比例尺度、空间关系、材料色彩、家具陈设、绿化等设计要素，以及形式风格综合地反映出来。它符合人的视觉习惯。正因为如此，在实际的工程方案设计中，它常作为与业主交流和汇报方案的材料。在方案设计过程中，室内透视表现图也作为方案效果研究的对象；在方案设计完成制作阶段，则作为评价设计成果的重要依据。

室内透视表现图（学生作品）

室内透视表现图是整个设计图纸的重点，也能从侧面体现设计师的审美取向，是整体设计表现环节中最容易形成视觉冲击的一部分。从课程设计方面来看，它也能体现学生的设计能力。

一套方案设计图纸除了上述主要内容，还需包括文字说明、反映设计意向的分析图和图像照片资料等内容。要想把这些内容整合好，就得对版面进行设计。图纸版面设计的目的是突出设计特点和设计内容，并使呈现的内容更具条理性、更直观。所以，应对图纸版面的构图、色调、字体等内容进行一番精心的设计。图纸版面是整个设计的“包装”，它对于学生积累视觉设计经验，从整体上提高设计能力也是一个有效的训练方法。

版面设计是设计整体表现的重要部分，好的版面设计有助于使设计方案在评阅过程中脱颖而出，吸引业主，使业主对设计展开新的联想。

总之，对于餐厅方案设计图纸而言，有五个总体要求：一要全面地体现设计理念与设计特色；二要合理地表现整个空间、界面、家具，以及色彩比例关系与色彩对比关系；三要把材料的不同质感和不同颜色的视觉效果充分表现出来；四要用照明设计营造氛围；五要展示设计师在形式风格上的想法。

单元训练和作业

1. 课题内容：教师带领学生实际调研，并通过课堂辅导，引导学生结合理论知识与调研成果，完成设计方案。

2. 课题时间：42 学时。

3. 教学方式：教师带领学生走访调研，并结合课堂辅导，引导学生理解创造性思维及设计调研方法。

4. 要点提示：学生通过实地调研，了解设计方案步骤、现代餐厅设计思维，以及设计方案具体规范和要求。

5. 课题作业：

（1）将调研成果、学习成果制作成 PPT 文件，进行课堂讨论。

（2）用手绘与计算机绘制结合的方式制作餐厅平面图、立面图、创意草图及主效果图。用一两张展板呈现，版式尺寸为 A0。

Bar Kar 餐厅／Spacemen Studio1

参考文献

张绮曼，潘吾华，1999. 室内设计资料集 2[M]. 北京：中国建筑工业出版社 .

张青萍，2003. 室内环境设计 [M]. 北京：中国林业出版社 .

所罗门，卢泰宏，杨晓燕，2014. 消费者行为学 [M].10 版 . 杨晓燕，等译 . 北京：中国人民大学出版社 .

霍光，彭晓丹，2011. 餐饮建筑室内设计 [M]. 北京: 中国建筑工业出版社 .

中国建筑学会编委会，2017. 建筑设计资料集 3: 办公· 金融· 司法· 广电· 邮政 [M].3 版 . 北京: 中国建筑工业出版社 .

中国建筑学会编委会，2017. 建筑设计资料集 5: 休闲娱乐 · 餐饮 · 旅馆 · 商业 [M].3 版 . 北京: 中国建筑工业出版社 .

李振煜，赵文瑾，2019. 餐饮空间设计 [M].2 版 . 北京: 北京大学出版社 .